Les bases chimiques
de la biologie cellulaire

LE BIOLOGISTE

SECTION DIRIGÉE PAR LOUIS GALLIEN

7

COLLECTION SUP

Les bases chimiques de la biologie cellulaire

ROGER FOLLIOT

Professeur à l'Université de Rennes

PRESSES UNIVERSITAIRES DE FRANCE

Dépôt légal. — 1re édition : 3e trimestre 1975

CHAPITRE PREMIER

Constitution chimique de la matière vivante

Introduction

I. Les éléments chimiques de la matière vivante

Les méthodes de la chimie analytique peuvent être appliquées à la matière vivante dans le but d'identifier les différents éléments chimiques qui la constituent et d'évaluer l'importance quantitative de chacun d'eux.

Il résulte de nombreuses analyses élémentaires effectuées dans des espèces très variées que, sur le plan qualitatif, on peut trouver les éléments chimiques suivants (les seize éléments dont le symbole et le numéro atomique sont soulignés étant *toujours* trouvés, les autres plus ou moins fréquemment rencontrés et parfois seulement à l'état de traces).

Tableau 1

H (1)	Mg (12)	Ca (20)	Cu (29)
B (5)	Si (14)	V (23)	Zn (30)
C (6)	P (15)	Cr (24)	Se (34)
N (7)	S (16)	Mn (25)	Mo (42)
O (8)	Cl (17)	Fe (26)	Sn (50)
F (9)	K (19)	Co (27)	I (53)
Na (11)			

La première remarque qui s'impose est la suivante : la matière vivante est constituée avec les mêmes éléments que ceux que l'on rencontre dans la matière inerte. Cette conception qui nous est familière parce qu'elle s'est imposée au cours du siècle dernier a cependant été fort loin des esprits pendant bien longtemps.

On peut également remarquer que les éléments de la matière vivante, en particulier ceux qui sont toujours présents, sont parmi les plus légers des quatre-vingt-dix éléments naturels (les numéros atomiques, bien que ne représentant pas la masse atomique mais le nombre d'électrons des atomes, correspondent à un classement par ordre de masses atomiques croissant dans le cas du tableau 1).

L'énumération des éléments chimiques est effectuée dans l'ordre de la classification de Mendeleev. Elle ne reflète pas du tout l'importance quantitative de chaque élément dans la matière vivante. De ce point de vue, le tableau 2 montre, dans le cas de l'homme pris à titre d'exemple, les pourcentages approchés de la masse totale du corps pour les principaux éléments (les autres éléments comme Fe, Mn, etc., dont le taux est très faible, sont dits *oligo-éléments*).

TABLEAU 2

O	65	P	1
C	18	K	0,2
H	10	S	0,19
N	3	Na	0,1
Ca	2	Mg	0,03

Les quatre éléments les plus abondants, oxygène, carbone, hydrogène et azote (soulignés dans le tableau 2) représentent ici plus de 95 % de la masse totale et dans d'autres espèces jusqu'à 99 %. Leur importance est donc une caractéristique de la matière vivante. Cette caractéristique n'est-elle qu'un reflet de l'importance de ces mêmes éléments dans l'environnement terrestre où la matière vivante se développe ? Le tableau 3 qui donne les pourcentages en masses de divers éléments de la croûte terrestre au sens large (ensemble lithosphère, hydrosphère, atmosphère) va permettre d'en juger :

TABLEAU 3

O 50	Mg 2	S 0,1
Si 25	H 0,9	
Al 7		
Fe 4		N 0,03
Ca 3	Cl 0,2	
Na 2,3	C 0,18	
K 2,2	P 0,1	

La comparaison des tableaux 2 et 3 montre que, si l'oxygène est l'élément pondéralement le plus important dans la matière vivante comme dans la croûte terrestre, la prépondérance quantitative du carbone, de l'hydrogène et de l'azote dans la matière vivante est bien spécifique. Ceci signifie que la matière vivante se construit avec certains éléments préférentiellement pris dans le milieu environnant. Quelles sont les causes de cette faveur ? On peut déjà noter en comparant les tableaux 1 et 2 que les quatre éléments prédominant dans la matière vivante sont les plus légers. Leurs propriétés chimiques doivent également entrer en jeu.

II. LES COMPOSÉS CHIMIQUES DE LA MATIÈRE VIVANTE

Dans la matière vivante, les éléments ne sont ordinairement pas à l'état de corps simples mais incorporés dans des corps composés dont la connaissance présente un intérêt pratique beaucoup plus grand que celle de la composition élémentaire.

Ainsi, un chauffage de l'ordre de 100 °C, d'un organe ou fragment d'organe (foie, cerveau, feuille d'un végétal supérieur, etc.), détermine l'émission, en quantité importante d'ailleurs, d'*eau* (H_2O) sous forme de vapeur facilement condensable et donc visible. Les autres corps composés sont séparés par des solubilisations successives. Ainsi des *sels minéraux* sont solubles, à froid, dans un milieu aqueux acidifié. La plupart des autres corps composés sont des composés comportant du carbone, caractéristiques des organismes vivants, dits *composés organiques* : graisses ou *lipides*, *glucides*, *acides nucléiques* et *protéines*. Certains composés, en particulier dans les trois dernières catégories, de masses moléculaires élevées, donc de grande taille, sont des *macromolécules*.

A titre d'exemple, le tableau ci-dessous montre comment se répartissent quantitativement les divers composés de la matière vivante dans une espèce particulièrement bien connue de ce point de vue, la bactérie *Escherichia coli*.

TABLEAU 4

	% de la masse totale
Eau	70
Protéines	15
Acides nucléiques	7
Glucides	3
Lipides	2
Autres composés organiques (surtout petites molécules précurseurs des précédentes)	2
Sels minéraux	1

Dans la matière vivante, les espèces chimiques minérales (eau et sels minéraux) prédominent largement en masse sur les espèces chimiques organiques. Nous examinerons les caractères fondamentaux de ces composés ou familles de composés.

CHAPITRE II

L'eau et les sels minéraux

I. L'eau

1) *Importance quantitative*

L'eau est le constituant majoritaire de presque toute matière vivante. Son pourcentage (70 %) dans la cellule d'*Escherichia coli* est en fait une valeur assez représentative de la matière vivante. L'importance de l'eau est plus grande dans certaines espèces, comme les méduses où elle peut dépasser 95 %. Elle est plus faible par exemple chez l'homme (65 %) principalement en raison de l'existence d'un important squelette dont les tissus sont peu hydratés (environ 30 % d'eau). Dans un même organisme, la teneur en eau varie en effet selon l'organe envisagé. D'autre part, dans une même espèce, elle peut varier en fonction du stade de développement. Ainsi le fœtus humain est plus riche en eau (94 %), en grande partie du fait justement de sa relative pauvreté en tissus de squelette. A un moment donné par contre la teneur en eau de beaucoup d'organismes ne peut subir que des variations d'amplitude limitée sous peine de destruction. Les graines ou spores végétales sont particulièrement pauvres en eau (moins de 20 %). Elles sont d'ailleurs en état de « vie ralentie ». D'une façon absolument générale, on peut dire que l'eau conditionne toute vie active. La vie est essentiellement un phénomène qui s'effectue en milieu aqueux.

Quelles sont les propriétés de cette substance qui permettent de comprendre l'importance du rôle qu'elle joue dans la matière vivante ?

2) *Caractères physico-chimiques essentiels*

Du fait de son omniprésence permanente dans notre environnement, nous considérons, *a priori*, l'eau comme une substance très banale. En fait, l'eau est un liquide dont les propriétés physico-chimiques sont assez exceptionnelles. Par exemple, elle est un solvant remarquable, sa chaleur spécifique, son point d'ébullition, sa chaleur de vaporisation, sa tension superficielle, etc., sont particulièrement élevés. Ainsi la chaleur de vaporisation de l'eau est plus du double de celle de l'alcool méthylique et près du triple de celle de l'alcool éthylique. Cette propriété physique est intéressante à prendre en considération. En effet, une forte chaleur de vaporisation signifie qu'une grande quantité d'énergie doit être fournie pour que les molécules d'eau passent à l'état gazeux, c'est-à-dire pour surmonter des forces d'attraction qui doivent être importantes entre les molécules du liquide. Quelles sont donc les forces qui lient entre elles les molécules d'eau ? La chimie générale va nous les révéler.

A) *Structure de la molécule d'eau*

La molécule d'eau est constituée par l'union de deux atomes d'hydrogène comportant chacun un électron (dans une couche qui serait saturée avec deux électrons) et d'un atome d'oxygène comportant six électrons périphériques (dans une couche qui serait saturée avec huit électrons). La mise en commun de deux électrons des atomes d'hydrogène avec ceux de l'oxygène assure la saturation des couches d'électrons périphériques des trois atomes et leur liaison :

$$2H\cdot + :\ddot{\underset{\cdot}{O}}\cdot \rightarrow :\ddot{\underset{\cdot\cdot}{O}}:H.$$
$$H$$

Cette liaison est essentiellement du type de la *liaison covalente.*

Des techniques physiques délicates comme l'analyse aux rayons X ont permis de savoir que la molécule d'eau est en forme d'un triangle isocèle dont le sommet est occupé par l'atome d'oxygène et forme un angle de 104°.

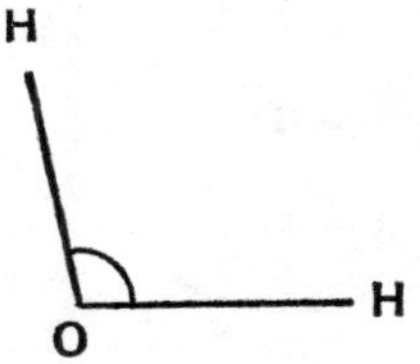

B) *Liaisons entre molécules d'eau*

a) Les forces de Van der Waals. — Les molécules d'eau, comme toutes les molécules en général, sont sujettes à des forces intermoléculaires dites forces de Van der Waals. Les atomes de la molécule peuvent attirer des atomes voisins, d'autant plus que ceux-ci sont proches, jusqu'à ce que cette attirance soit d'ailleurs équilibrée par la répulsion de leurs électrons respectifs arrivés au contact les uns des autres. Il en résulte, autour de chaque atome, un rayon dit rayon de Van der Waals, caractéristique de l'équilibre entre forces de Van der Waals, d'attraction et de répulsion. Dans le cas de l'eau, ces rayons sont de 1,2 Å pour l'hydrogène et 1,4 Å pour l'oxygène (1). La molécule mérite donc la

(1) Il est rappelé qu'un micron, 1 μ (ou micromètre) vaut 1 millième de millimètre (ou $1 . 10^{-6}$ m), qu'un millimicron, 1 mμ (ou nanomètre) vaut 1 millième de micron (ou $1 . 10^{-9}$ m) et l'angström, un dizième de millimicron.

représentation de la figure 1. On comprend bien que les forces d'attraction de Van der Waals ne s'appliquent pas en un point particulier des atomes comme les forces d'attraction de la liaison covalente solidaire de doublets particuliers d'électrons. Le nombre de liaisons de Van der

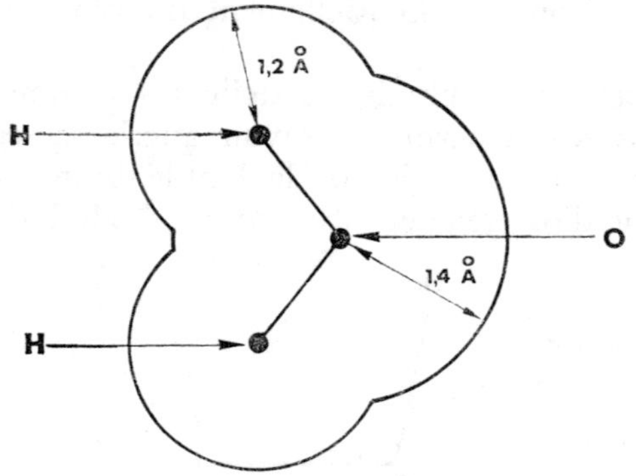

Fig. 1. — Schéma de la molécule d'eau tenant compte des rayons de Van der Waals

Waals, par contre, n'est limité que par les possibilités spatiales de contact entre atomes. Les liaisons de Van der Waals, absolument pas limitées aux molécules d'eau, sont d'existence très générale. Elles sont d'autant plus importantes que les molécules sont de grande taille.

Dans le cas de l'eau, ce ne sont d'ailleurs pas ces forces qui suffisent à expliquer les propriétés physico-chimiques exceptionnelles de ce corps. La situation au sein de l'eau est en fait encore plus complexe.

b) La « liaison hydrogène ». — Dans une molécule d'eau, l'atome d'oxygène attire davantage les électrons que ne le font les atomes d'hydrogène. Il en résulte que l'atome d'oxygène est le siège d'une charge électrique négative et chaque atome d'hydrogène, celui d'une charge électrique positive. Globalement neutre, la molécule d'eau est en réalité un *dipôle*, c'est-à-dire qu'elle s'oriente dans un champ électrique. Cette situation a une conséquence très importante : chaque « pôle hydrogène » (positif) d'une molécule tend à attirer un « pôle oxygène » (négatif) d'une autre molécule. Cette attraction, essentiellement électrostatique, réalise une liaison dite « liaison hydrogène ».

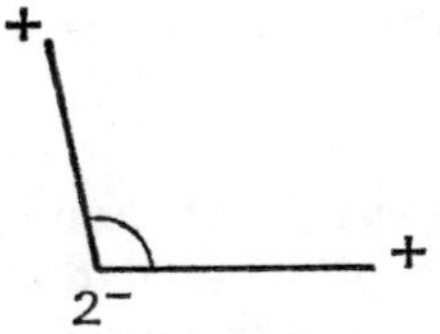

Bien que fondamentalement monovalent, l'atome d'hydrogène peut être ainsi lié, d'une part, avec un atome d'oxygène de façon covalente, d'autre part, avec un autre atome d'oxygène par le moyen d'une « liaison hydrogène » d'ailleurs beaucoup moins solide :

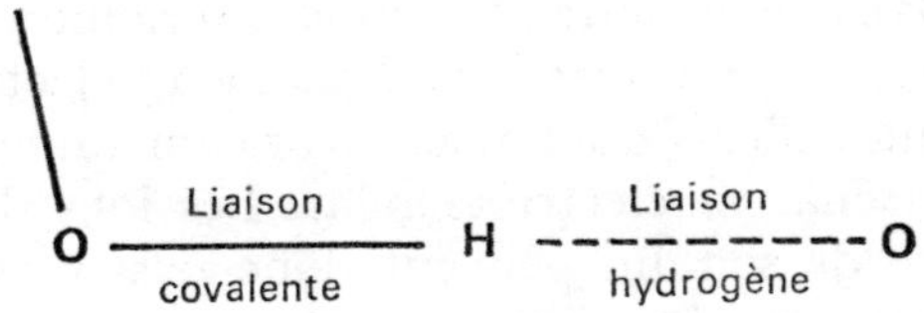

Toute molécule d'eau tend à nouer une liaison hydrogène avec quatre autres molécules d'eau (l'atome d'oxygène ayant une charge négative de valeur absolue double de celle de la charge positive de chaque atome d'hydrogène). En fait ceci n'est réalisé complètement que dans la glace. Dans l'eau liquide, la moyenne du nombre de liaisons hydrogène est cependant supérieure à trois et on comprend donc mieux combien les molécules d'eau sont liées entre elles.

La liaison hydrogène peut aussi exister entre l'hydrogène et un atome électronégatif différent de l'oxygène comme l'atome d'azote.

C) *Propriétés de solvant*

La connaissance de la structure de la molécule d'eau permet également de comprendre l'aptitude de ce liquide à solubiliser de nombreuses substances minérales ou organiques.

a) Cas de sels minéraux. — De nombreux composés salins, à commencer par le plus banal d'entre eux, le chlorure de sodium, que nous étudierons à titre d'exemple, sont solubles dans l'eau. Dans le chlorure de sodium, les atomes de chlore et de sodium sont en fait ionisés, c'est-à-dire que l'atome de chlore (Cl) ayant gagné un électron (emprunté au sodium) est devenu un ion chargé négativement (Cl^-). Inversement, l'atome de sodium est devenu un ion chargé positivement (Na^+). Ces *ions* sont liés entre eux par une forte attraction électrostatique caractéristique de la liaison ionique. Dans l'eau, cette attraction interionique peut être surmontée par les attractions également électrostatiques des molécules d'eau dont nous avons vu qu'elles étaient des dipôles chargés électriquement. Les ions d'un cristal de chlorure de sodium peuvent donc passer en solution. Il en est de même dans beaucoup de cas semblables.

b) Cas de substances organiques. — D'autre part, l'eau solubilise de nombreuses substances organiques, alcools, acides, etc. La solubilisation repose alors sur la possibilité de création d'une liaison hydrogène entre, d'une part, une molécule d'eau et, d'autre part, un atome d'hydrogène ou un atome d'oxygène appartenant à un groupement fonctionnel de la molécule organique, comme les groupements — OH, — COOH, — CHO, — CO, — NH^2, respectivement caractéristiques des alcools, acides organiques, aldéhydes, cétones et amines. Ces *groupements* dits « *polaires* » (voir en 2), B), *b*), l'explication des « pôles » hydrogène et oxygène de la molécule d'eau) permettent la mise en solution des molécules qui les portent.

Par contre, d'autres substances comme les carbures d'hydrogène (par exemple le benzène) ne sont pas solubles dans l'eau. En effet, dans les groupes — CH_2 — ou — CH_3 de leurs molécules, les atomes d'hydrogène et de carbone attirent tout autant ces paires d'électrons qu'ils ont en commun dans les liaisons covalentes et il ne se crée pas de dipôles. Entre ces *molécules « non polaires »* et les molécules d'eau, des « liaisons hydrogène » ne peuvent se réaliser. Les molécules d'eau qui peuvent par contre nouer entre elles de nombreuses liaisons hydrogène s'unissent ainsi et tendent à repousser la substance non miscible *(hydrophobe)*.

D) *Propriétés ioniques*

a) L'ionisation de l'eau pure. — C'est aussi la connaissance de la structure de la molécule d'eau qui amène à comprendre que ce corps puisse former des ions. Dans deux molécules liées par un « pont hydrogène », l'atome d'hydrogène (H*) peut rompre la liaison covalente qui l'unissait

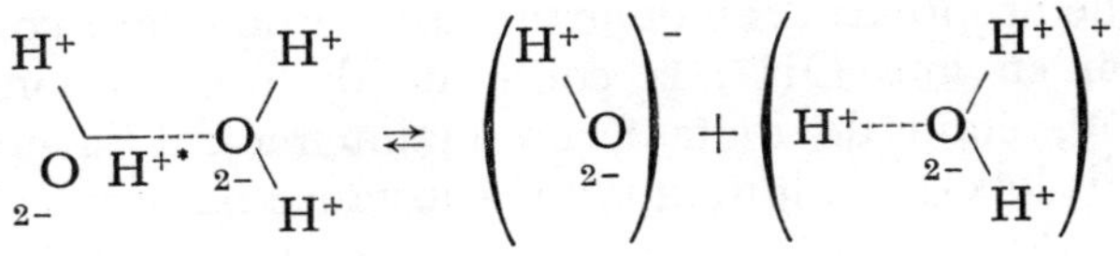

à l'oxygène pour rester lié uniquement à l'atome d'oxygène auquel l'unit la liaison hydrogène. Il en résulte la formation d'ions chargés négativement, OH^-, ou positivement H_3O^+. En réalité la mesure de la conductivité électrique de l'*eau pure* montre qu'il n'y a qu'un faible nombre, 1.10^{-7} mole, de chacun de ces deux types d'ions par litre à 25 °C.

Traditionnellement cette réaction d'ionisation s'écrit :

$$H_2O \rightleftarrows OH^- + H^+$$

bien qu'il n'y ait pas vraiment de proton H^+ libre.

Cette façon simplifiée montre qu'il n'y a que 1.10^{-7} mole d'eau dissociée ioniquement par litre. Cette dissociation est un équilibre chimique dans lequel les rapports des concentrations sont régis par la loi d'action de masse :

$$C^{te} = \frac{[H^+][OH^-]}{[H_2O]} \quad \text{qui donne} \quad [H_2O] . C^{te} = [H^+][OH^-].$$

La concentration molaire de l'eau non dissociée [dans un litre ou 1 000 g d'eau, il y a 1 000 : 18 (masse de la molécule-gramme de l'eau) = 55,5 moles] n'est affectée que de façon négligeable par le nombre très faible de moles dissociées (1.10^{-7}). Nous retiendrons donc que le *produit ionique de l'eau* $[H^+]$ $[OH^-]$ *est une constante.* Sa valeur est de 1.10^{-14} (à 25 °C).

b) Modification de l'équilibre d'ionisation de l'eau. — L'addition à de l'eau d'une substance génératrice d'ions H^+ (une substance acide) entraîne une augmentation de la concentration en ions H^+ (et une régression de la dissociation ionique propre de l'eau donc une diminution de la concentration en ions OH^-, la constante du produit ionique, 1.10^{-14}, étant de toute façon maintenue). L'inverse se produit lors de l'addition d'une substance basique.

c) Notation pH. — L'acidité ou la basicité d'un milieu aqueux sont appréciées par la mesure de la concentration en ions H^+. En pratique, on utilise la notation dite du pH (potentiel hydrogène) qui est le logarithme de l'inverse de la concentration en ions H^+ (les nombres sont alors beaucoup plus maniables).

$$pH = \log \frac{1}{[H^+]} = -\log[H^+].$$

Ainsi, dans l'eau pure à 25 °C où l'équivalence (1.10^{-7}) des concentrations en ions H^+ et OH^- détermine l'état de neutralité, on aura :

$$pH = -\log [10^{-7}] = -(-7.\log 10) = -(-7.1) = 7.$$

Une concentration plus forte en ions H^+, donc un milieu acide, par exemple [10^{-3}], correspond à pH 3. Les pH < 7 caractérisent des milieux acides. Une diminution d'une unité de la valeur du pH correspond à une concentration en ions H^+ dix fois plus grande. Au contraire, une concentration plus faible en ions H^+, donc des valeurs de pH > 7, correspond à des milieux basiques.

d) Réaction acido-basique en milieu aqueux. — Selon la conception moderne due à Brönsted et Lowry, un acide peut être défini comme un donneur de proton (c'est-à-dire d'ion H^+) et une base comme un accepteur de proton. Ainsi, dans le cas d'un acide organique connu, l'acide acétique, qui se dissocie dans l'eau de la façon suivante :

$$CH_3COOH \rightleftarrows H^+ + CH_3COO^-$$

la molécule CH_3COOH est le donneur de proton et l'ion CH_3COO^-, l'accepteur de proton. Cette conception peut être appliquée à l'ion ammonium qui présente la situation suivante :

$$NH_4^+ \rightleftarrows H^+ + NH_3$$

l'ion NH_4^+ étant donneur de proton et NH_3 accepteur de proton.

Si des solutions normales d'acide chlorhydrique et d'acide acétique sont neutralisées par une même quantité de soude, c'est-à-dire ont la même acidité potentielle ou acidité de titration, elles sont cependant distinctes par la quantité d'ions H^+ qu'elles renferment respectivement. La solution d'acide chlorhydrique (entièrement dissocié) renferme une mole d'ion H^+, c'est-à-dire 1 g tandis qu'on constate que la solution d'acide acétique n'en renferme que $4{,}25 . 10^{-3}$ g, soit deux cent trente-cinq fois moins. Ces quantités d'ions H^+ représentent l'acidité vraie ou ionique.

Un acide est dit faible s'il a beaucoup d'affinité pour ses protons, donc se dissocie peu (cas de l'acide acétique). Il est dit fort dans le cas inverse.

3) *Conclusion*

Cette étude nous permet de mieux comprendre les capacités de solvant de l'eau, ses propriétés ioniques et sa cohésion. Cette dernière qualité n'est pas moins intéressante que les autres sur le plan biologique. La chaleur spécifique élevée de l'eau, qui est par exemple un aspect de cette cohésion, permet aux organismes vivants d'amortir plus facilement les variations de la température extérieure.

En fait, la chimie physique donne une vision de l'eau bien loin de celle d'un milieu statique. En effet, au niveau moléculaire, des liaisons hydrogène s'y font et s'y défont sans cesse avec une très grande vitesse (plus grande que dans le cas des liaisons covalentes). De plus, les protons H^+ passent d'un ion H_3O^+ à une molécule d'eau voisine avec une rapidité exceptionnelle. Sous la stabilité physique de l'eau, se cache, plus que dans beaucoup d'autres corps, une extrême mobilité des atomes. De toute manière, nous découvrons également des propriétés des atomes d'hydrogène et d'oxygène qui permettent de comprendre pourquoi ils jouent un rôle si grand dans la composition de la matière vivante.

Par ailleurs, l'étude physico-chimique des propriétés de l'eau nous a donné l'occasion de définir divers types de liaisons chimiques bien qu'aucune de ces liaisons ne soit l'exclusivité de l'eau. Ces types de liaison ont des forces différentes, c'est-à-dire que leur rupture nécessite une plus ou moins grande fourniture d'énergie. Les liaisons covalentes sont de loin les plus fortes. Les liaisons de Van der

Waals sont les plus faibles; les liaisons ioniques et les liaisons hydrogène sont intermédiaires, mais plus proches des liaisons de Van der Waals et, comme elles, appelées liaisons faibles.

II. Sels minéraux

Parmi les éléments minéraux, à l'exception de certains d'entre eux qui sont incorporés directement dans des substances organiques, comme par exemple le fer dans l'hémoglobine, la plupart existent dans la matière vivante sous forme de sels. Ceux-ci sont, soit en solution dans les fluides aqueux, soit sous forme solide (phosphate et carbonate de calcium des os des vertébrés par exemple).

En solution dans l'eau, les sels s'ionisent, comme nous l'avons vu en détail pour le chlorure de sodium. Les anions les plus importants sont les ions Cl^-, PO_4^{---}, CO_3^{--}, SO_4^{--} et les cations principaux Na^+, K^+, Ca^{++}, Mg^{++}. Certains de ces ions jouent un rôle capital à divers niveaux du fonctionnement de la matière vivante comme nous aurons l'occasion de le voir plus loin. Leur concentration ne peut souvent varier que dans des limites très étroites.

D'un point de vue plus général, on constate une grande similitude entre la composition saline de la matière vivante et celle de l'eau de mer.

CHAPITRE III

Les protéines

I. Caractères fondamentaux des protéines

Une manipulation simple permet de mettre en évidence le caractère fondamental des protéines. On plonge dans de l'eau renouvelée une poche constituée d'une feuille de cellophane et renfermant une solution de protéines et de sel marin (fig. 2). Au bout d'un certain temps, le sel a

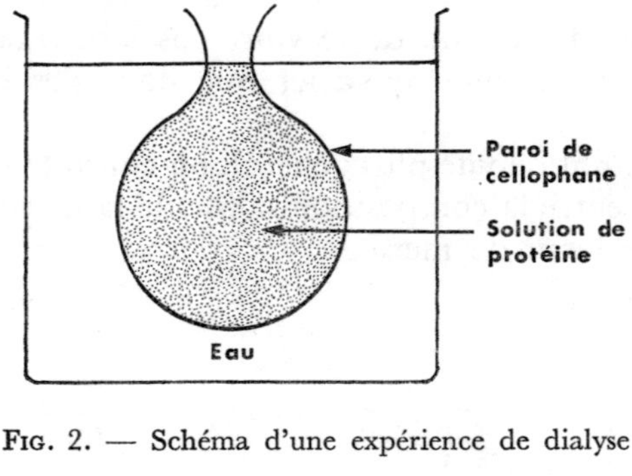

Fig. 2. — Schéma d'une expérience de dialyse

diffusé au travers de la cellophane mais les protéines sont restées dans la poche. Ce procédé qui permet une séparation des diverses substances en solution est appelé *dialyse*. Une conclusion importante résulte de l'explication du phénomène. Si les protéines n'ont pas diffusé au travers de la membrane, c'est parce que leurs molécules sont trop grosses; ce sont des macromolécules.

1) *La masse moléculaire des protéines*

La détermination de la masse moléculaire des protéines est un objectif capital qui n'est atteint que par des méthodes physiques particulièrement basées sur l'étude des propriétés de diffusion et de sédimentation des particules macromoléculaires.

A) *La diffusion*

Une solution de protéine dans l'eau, en équilibre, placée dans un tube à essais montre un aspect uniforme qui traduit une répartition homogène des molécules de cette protéine au sein du solvant. Une certaine quantité d'eau est ajoutée très doucement au-dessus de cette solution de telle sorte que cette couche d'eau soit d'abord bien distincte de la solution (fig. 3). Par la suite, on va constater un envahissement progressif, vers le haut, de la couche d'eau par les molécules de protéine, qui diffusent. Le front de progression et la vitesse de son déplacement peuvent être suivis par un moyen optique, par exemple la mesure de l'indice de réfraction. Or, la vitesse de diffusion varie selon les protéines.

L'étude physique des phénomènes de diffusion en général a permis de définir un *coefficient de diffusion* D caractéristique d'une substance en solution. Ce coefficient est fonction de la taille des molécules donc de leur masse. Dans le cas d'une molécule globulaire supposée sphérique, D est inversement proportionnel au rayon.

Malheureusement les relations entre coefficient de diffusion et masse moléculaire ne s'appliquent pas d'une façon parfaitement satisfaisante aux très grosses molécules comme

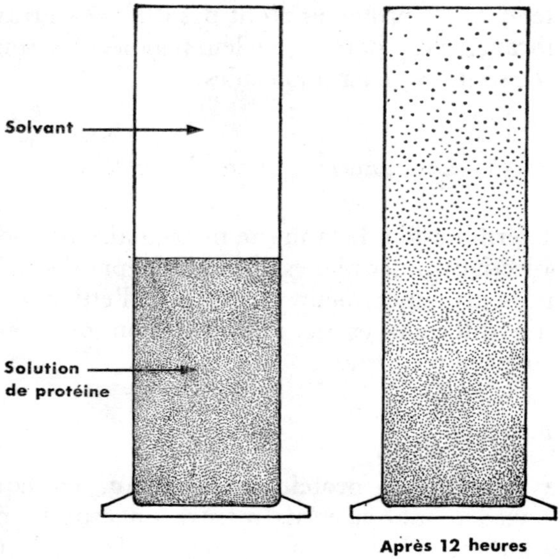

FIG. 3. — Diffusion d'une protéine en solution

celles des protéines. Dans ce cas, la mesure du coefficient de diffusion fournit une information utile mais qui doit être complétée par les résultats d'autres méthodes.

B) *La sédimentation*

Reprenons la solution finale précédente et soumettons son contenu à l'action d'une force dirigée vers le fond. Une telle force existait dans le cas précédent, celle de la pesanteur. Elle était d'ailleurs insuffisante pour empêcher la diffusion des molécules vers le haut. Mais on peut expérimentalement utiliser des forces beaucoup plus importantes créées dans les centrifugeuses et surtout dans ce qu'on appelle les ultracentrifugeuses imaginées par Svedberg où la vitesse de rotation peut atteindre plusieurs dizaines de milliers de tours par minute et engendrer des forces dépassant largement 100 000 fois l'accélération de la pesanteur (> 100 000 g). Placée dans de telles conditions, durant un certain temps, la solution ci-dessus montre une sédimentation des molécules contenues vers le fond du tube, donc la ségrégation du contenu entre une région basale contenant les molécules en solution et une région supérieure où le solvant est redevenu pur. La limite entre ces deux régions progresse vers le fond. Cette progression peut être suivie optiquement comme pour la diffusion. La vitesse de cette progression (distance parcourue pendant une seconde par une particule soumise à l'unité de champ centrifuge) est caractérisée par un coefficient de sédimentation. Les grosses particules sédimentent plus vite que les petites. Elles ont un coefficient plus grand. En pratique, ce coefficient est exprimé en « unités Svedberg » (S).

Les protéines ont des coefficients d'une à plusieurs dizaines d' « unités Svedberg ». L'ultracentrifugation est, en ce sens, un moyen de distinguer des protéines différentes par leur vitesse de sédimentation. Comme le coefficient de diffusion, le coefficient de sédimentation dépend de la taille des molécules sans être d'ailleurs proportionnel d'une façon simple à la masse moléculaire.

Toutefois, les données de la diffusion et de la sédimentation permettent aux biophysiciens le calcul de la masse moléculaire des protéines avec une approximation de l'ordre de 5 %. Une cause importante d'erreur réside dans la forme des macromolécules, qui peut se distinguer de celle d'un globule sphérique. Des formes en filaments étendus ou plus ou moins repliés de façons variées influent sur le comportement des macromolécules tant dans la diffusion que lors d'une expérience de sédimentation.

La *masse moléculaire* de très nombreuses protéines est maintenant connue. Elle varie environ de 6 000 (pour l'insuline de bœuf) à plus d'un million. La masse moléculaire de l'hémoglobine humaine est de 64 500, celle de l'albumine humaine de 68 500. De toute manière, ces nombres sont énormes par rapport à ceux des composés minéraux par exemple et illustrent le concept de macromolécules.

Quelle est la nature chimique de ces molécules géantes ?

2) *La constitution chimique des protéines*

Sur le plan de l'analyse élémentaire, les protéines comportent toujours du carbone, de l'oxygène, de l'hydrogène, de l'azote et le plus souvent aussi du soufre. Mais, du point de vue chimique, le fait le plus intéressant est que l'hydrolyse de toutes les protéines, à 100 °C en milieu acide, se traduit par la libération d'un ensemble de molécules de petite taille ayant plusieurs propriétés en commun, *les acides aminés*. Les protéines sont des polymères d'acides aminés.

II. Les acides aminés

Les acides aminés sont des acides organiques qui portent un groupement fonctionnel amine — NH_2 sur le carbone porteur du groupement acide (carboxyle) — COOH, dit carbone-α. Ils répondent donc à la formule générale :

$$R-\underset{\alpha}{CH}\begin{matrix} \diagup COOH \\ \diagdown NH_2 \end{matrix}$$

où R est un « résidu » variable.

1) *Classification des acides aminés*

L'hydrolyse de la plupart des protéines libère régulièrement des aminoacides d'une vingtaine d'espèces différentes (et exceptionnellement des aminoacides d'autres espèces). On a classé ces espèces chimiques en fonction de la nature du résidu R.

A) R peut être réduit à un atome d'hydrogène dans le glycocolle ou glycine (abréviation officielle Gly) dont la formule est donc :

$$H-CH\begin{matrix}COOH\\NH_2\end{matrix} \quad \text{ou} \quad CH_2\begin{matrix}COOH\\NH_2\end{matrix}$$

B) R peut être de nature aliphatique comme dans :

l'alanine (Ala) $CH_3-CH\begin{matrix}COOH\\NH_2\end{matrix}$

ou encore la valine (Val), la leucine (Leu) ou l'isoleucine (ILeu).

C) R peut être de nature aromatique comme dans :

la phénylalanine (Phe) 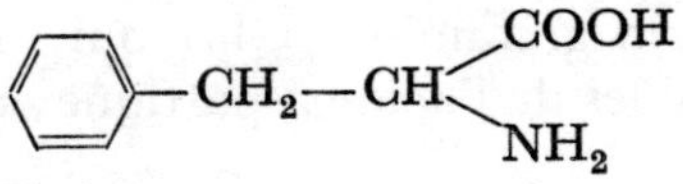

ou encore le tryptophane (Try).

D) R peut comporter un groupement acide organique supplémentaire comme dans :

l'acide aspartique (Asp) $COOH-CH_2-CH\begin{matrix}COOH\\NH_2\end{matrix}$

ou l'acide glutamique (Glu).

E) R peut comporter un ou plusieurs groupements amines supplémentaires comme dans :

la lysine (Lys) $NH_2-CH_2-CH_2-CH_2-CH_2-CH\begin{matrix}COOH\\NH_2\end{matrix}$

l'arginine (Arg) $\begin{matrix}NH_2\\NH_2\end{matrix}CH-CH_2NH-CH_2-CH_2-CH\begin{matrix}COOH\\NH_2\end{matrix}$

ou l'histidine (His).

F) R peut comporter une fonction alcool comme dans :

la sérine (Ser) $CH_2OH{-}CH\begin{matrix} \nearrow COOH \\ \searrow NH_2 \end{matrix}$

la tyrosine (Tyr) 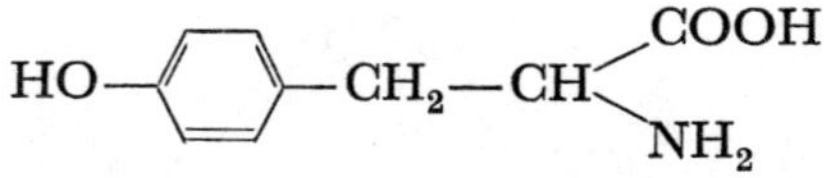

ou la thréonine (Thr).

G) R peut comporter un groupement amide (— CO — NH_2) comme dans :

l'asparagine (Asn) $NH_2{-}CO{-}CH_2{-}CH\begin{matrix} \nearrow COOH \\ \searrow NH_2 \end{matrix}$

ou la glutamine (Gln) qui sont donc respectivement les amides de l'acide aspartique et de l'acide glutamique.

H) R peut comporter du soufre comme dans :

la méthionine (Met) $CH_3{-}S{-}CH_2{-}CH_2{-}CH\begin{matrix} \nearrow COOH \\ \searrow NH_2 \end{matrix}$

la cystéine (Cys) $SH{-}CH_2{-}CH\begin{matrix} \nearrow COOH \\ \searrow NH_2 \end{matrix}$

I) Enfin, la proline (Pro) est structuralement à part du fait que le carbone-α est lui-même engagé dans la constitution d'un cycle et qu'on a donc affaire à un iminoacide :

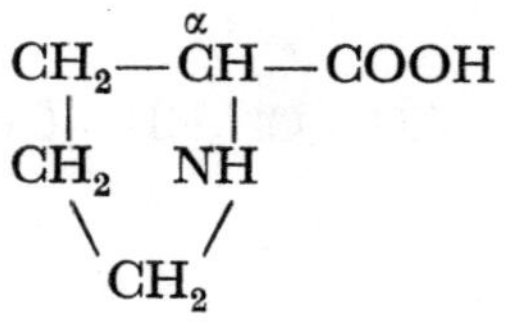

En dehors de ces acides aminés de répartition générale, il en existe quelques autres qui dérivent des précédents par un changement structural dans le résidu R. L'hydroxyproline en est l'exemple le plus courant.

D'autre part, il existe un grand nombre d'aminoacides différant des précédents dans la matière vivante, mais ils ne participent pas à l'édification des protéines.

On comprend que la nature du résidu R influe sur les propriétés des acides aminés. En effet, les résidus ayant une fonction acide, amine, amide ou alcool sont « polaires » et susceptibles de nouer des liaisons hydrogène. Ces résidus seront donc hydrophiles alors que les autres résidus, non polaires, seront hydrophobes.

2) *Propriétés optiques des acides aminés*

Les acides aminés en solution agissent sur la lumière polarisée. On appelle lumière polarisée une onde lumineuse qui, au lieu de vibrer dans tous les azimuts autour de son axe de propagation, ne vibre plus que dans un plan particulier. Une telle modification est obtenue lors de la traversée d'un cristal, comme la calcite pure, par un faisceau lumineux. Le plan dans lequel s'effectue la vibration n'est pas modifié par la traversée ultérieure de certains liquides comme l'eau pure ou l'alcool. Par contre, si le liquide utilisé est une solution aqueuse d'un acide aminé ou d'un sucre par exemple, le plan de vibration de la lumière (dit plan de polarisation) tourne d'un certain angle. On peut, par l'emploi d'un appareil appelé polarimètre, mesurer la valeur de cet angle et le sens dans lequel s'est effectuée la rotation.

Dans les exemples que nous avons pris, l'existence d'un *pouvoir rotatoire* est rapportée à la présence dans la molécule d'un atome de carbone dont les quatre valences sont saturées (substituées) différemment. (On dit qu'un tel carbone est asymétrique.) Le carbone-α d'un acide aminé est dans ce cas (sauf pour la glycine). La structure atomique du carbone est telle que les quatre « substituants » sont aux sommets d'un tétraèdre. Il existe donc deux arrangements spatiaux possibles de ces quatre substituants, non superposables (essayer avec la figure 4), mais qui se présentent

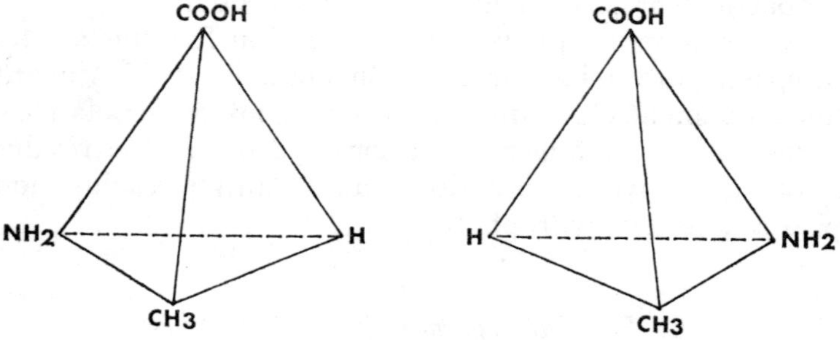

Fig. 4. — Isomères optiques d'un acide aminé (ici l'alanine)

l'un comme l'image de l'autre dans un miroir. Ces deux configurations caractérisent deux stéréoisomères optiques.

Ces stéréoisomères ont des propriétés chimiques identiques, mais se distinguent par leur pouvoir rotatoire : ils font dévier le plan de polarisation de la lumière d'un angle de même valeur mais dans des directions opposées. Si la rotation a lieu vers la droite, le corps est dit dextrogyre et sa dénomination précédée du signe (+). Si elle a lieu vers la gauche, le corps est dit lévogyre et indiqué (—).

Les deux configurations de deux stéréoisomères optiques sont désignées par les lettres D et L. La molécule d'aldéhyde glycérique (le glucide le plus petit qui montre un carbone asymétrique) est utilisée pour la définition des types de configurations D et L. Par convention, la forme D est celle où, dans la formule développée, le groupement aldéhydique étant écrit en haut, le groupe hydroxyle est à droite du carbone asymétrique. La forme L est son image.

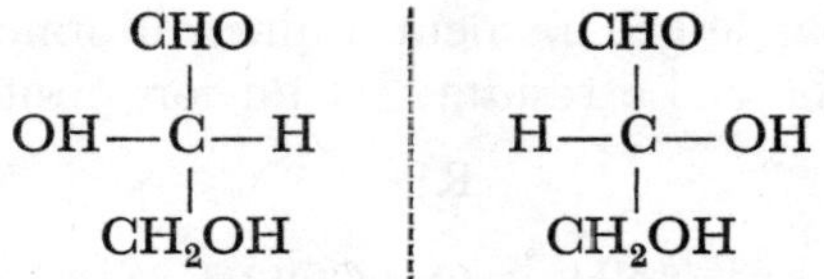

L. glycéraldéhyde | D. glycéraldéhyde

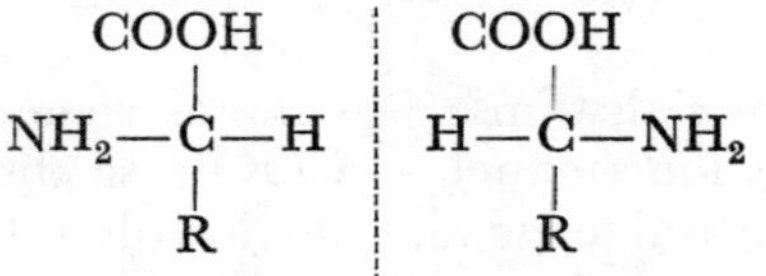

L. aminoacide | D. aminoacide

La désignation des formes isomériques d'un acide aminé découle des conventions adoptées pour l'aldéhyde glycérique, en admettant que les groupements — COOH, — NH_2 et — R de l'acide aminé correspondent spatialement aux groupements — CHO, — OH et — CH_2OH de l'aldéhyde glycérique.

(Certains acides aminés, comme la thréonine, ont deux carbones asymétriques, mais la nomenclature basée sur le carbone-α leur est appliquée.)

Les acides aminés des protéines naturelles sont tous de la série L, ce qui reflète sûrement le fait que les premières molécules organiques à l'origine de la série des acides aminés ont été de ce type.

Il ne faut pas confondre les désignations D et L, qui se rapportent à une convention structurale et les signes (+) et (—) qui correspondent à une propriété physique. Parmi les corps de la série L par exemple, certains sont lévogyres, d'autres sont dextrogyres.

3) *Comportement ionique des acides aminés*

Grâce à leurs groupements — COOH et — NH_2, les acides aminés sont solubles dans les milieux aqueux. En milieu acide (riche en ions H^+), un proton surnuméraire est accepté par le groupement amine qui fonctionne donc comme une base. Le résultat est un ion positif (cation) :

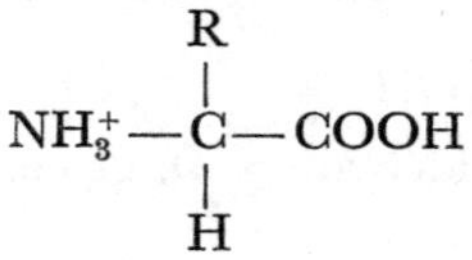

Si le milieu s'alcalinise (est moins riche en ions H^+), le groupement fonctionnel — COOH se dissocie et perd un ion H^+, ce qui engendre un ion double, neutre, ou *ion amphotère* :

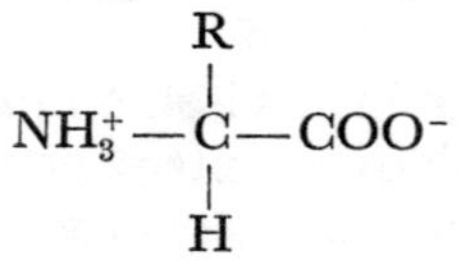

En milieu encore plus alcalin, le groupe chargé — NH_3^+ perd à son tour un ion H^+ et l'aminoacide se présente comme un anion :

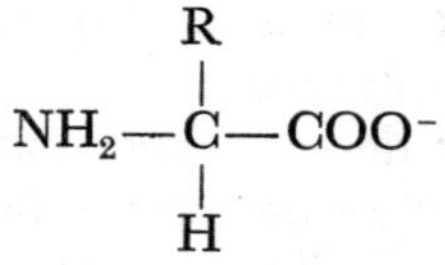

Un aminoacide en solution est exclusivement sous la forme d'ions amphotères neutres pour une certaine valeur du pH de la solution, valeur correspondant au *point isoélectrique* (i). Le pHi est caractéristique d'un aminoacide; pour l'alanine par exemple, pHi = 6.

4) *La séparation des acides aminés d'une protéine*

L'hydrolyse d'une protéine libère des acides aminés mais l'hydrolysat se présente évidemment comme un mélange complexe. L'identification des divers acides aminés d'un tel mélange et les proportions dans lesquelles chacun s'y trouve peuvent maintenant être connues grâce à différentes méthodes. Nous allons brièvement voir les principes de deux d'entre elles.

A) *Chromatographie sur papier*

Cette méthode est basée sur les possibilités de solubilité des divers acides aminés. Si certains acides aminés étaient solubles dans l'eau et d'autres solubles dans les solvants organiques, leur séparation ne poserait qu'un problème assez simple. Il n'en est pas ainsi puisque tous sont solubles dans l'eau grâce à leurs groupements polaires (— COOH, — NH_2, etc.). D'autre part, ils possèdent ordinairement (dans le résidu R) divers groupements dérivés des carbures d'hydrogène qui leur confèrent une solubilité dans les solvants organiques (comme le phénol ou le butanol). Toutefois, les molécules d'acides aminés différant, soit par le nombre de groupements polaires, soit par la nature du résidu R, leurs propriétés de solubilité sont elles-mêmes différentes. Les acides aminés pourront être distingués selon leurs affinités préférentielles respectives pour l'eau ou les solvants organiques.

Pour réaliser une séparation chromatographique sur papier, on utilise une feuille d'un papier filtre spécial. Cette feuille de cellulose imbibée d'eau est suspendue à une gouttière contenant un mélange renfermant un solvant organique (le butanol ordinairement) (fig. 5). L'ensemble est mis à l'abri de l'air extérieur dans une cuve dont l'atmosphère est saturée de vapeurs d'eau et de solvant. Une goutte d'un mélange d'acides aminés à analyser est déposée en haut de la feuille. Le solvant contenu dans la gouttière va progresser essentiellement par capillarité dans la feuille de papier. Il va entraîner plus ou moins bas les divers acides aminés de la goutte à analyser, selon l'affinité de chacun de ceux-ci pour la phase aqueuse « stationnaire » du papier et pour la phase migrante du solvant. Les plus

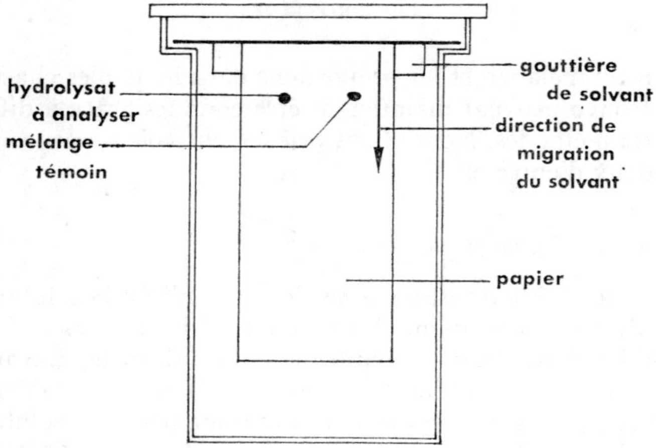

FIG. 5. — Schéma d'un chromatographe

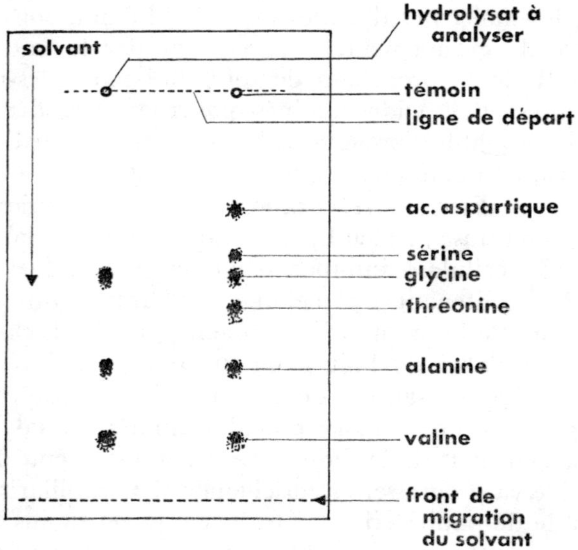

FIG. 6. — Exemple de chromatogramme
L'hydrolysat contenait : glycine, alanine, valine

hydrophiles s'arrêtent les premiers, les autres sont entraînés plus bas. Lorsque le solvant a atteint les abords du bas de la feuille de papier, on peut sécher celle-ci et la soumettre à l'action d'un réactif des groupes α-aminés, la ninhydrine, qui colore en bleu diverses taches correspondant chacune à un acide aminé. Chaque tache est caractérisée par sa distance au bord de départ, c'est-à-dire par l'importance de la migration effectuée par l'acide aminé. On exprime ce caractère par le rapport de la distance de migration de l'acide aminé X_a à la distance totale de migration du solvant X_b ($R_f = X_a/X_b$). Par comparaison avec les R_f connus de divers acides aminés, l'identification des composants de l'hydrolysat peut être effectuée. Il est possible aussi de faire la chromatographie témoin d'un mélange connu d'aminoacides (fig. 6).

Cette méthode se prête à une exploitation quantitative. Chaque tache découpée peut, en effet, grâce à un photocolorimètre, fournir une mesure de la quantité d'acide aminé qu'elle contient.

Bien souvent un hydrolysat ne peut être totalement analysé par un seul chromatogramme, les taches de celui-ci correspondant encore à des mélanges de quelques acides aminés. Les taches d'un premier chromatogramme peuvent alors être reprises dans une expérience semblable mais avec un autre solvant. Comme dans ce cas-là, la feuille de papier reprise est suspendue après rotation de 90°, on qualifie l'ensemble de l'opération de chromatographie bidimensionnelle.

B) *L'électrophorèse sur papier*

La méthode électrophorétique est basée sur l'ionisation des acides aminés. Chargés électriquement, les ions aminoacides sont susceptibles de migrer sous l'action d'un champ électrique. Or les différents aminoacides ont des ions de charges électriques différentes. Ainsi à pH très acide, les acides aminés basiques ont une charge positive plus forte que les autres. Dans un champ électrique de haute tension, ils migrent rapidement vers la cathode. D'une façon plus générale, l'utilisation de pH appropriés permet une séparation des aminoacides. En pratique, le courant traverse une feuille de papier humide contenant une goutte d'hydrolysat à analyser.

5) *La liaison peptidique. Les polypeptides*

Nous avons vu que l'hydrolyse totale d'une protéine libère de nombreux acides aminés. Après cette opération, il apparaît un grand nombre de groupements $-NH_2$, caractérisables par leurs propriétés, alors que la protéine intacte ne manifeste ces propriétés que pour un nombre beaucoup plus restreint de ce groupement fonctionnel. Le même fait se présente pour les groupements — COOH. C'est donc que, dans la protéine, les acides aminés sont unis entre eux au niveau de ces groupements fonctionnels. Cette union est dite *liaison peptidique*. C'est une liaison covalente réalisée par la création d'un groupe amide substitué $-\underset{\underset{O}{\|}}{C}-\underset{\underset{H}{|}}{N}-$:

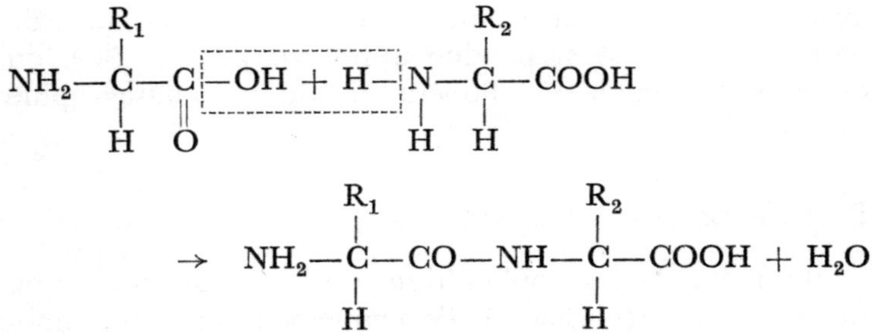

L'union de deux acides aminés fournit un dipeptide. On voit que celui-ci est encore capable de nouer une liaison peptidique, soit par son groupement $-NH_2$, soit par son groupement — COOH. Des polypeptides peuvent ainsi se constituer en chaîne. De toute manière, une extrémité de cette chaîne porte un groupement — NH_2 libre (N terminal) et l'autre extrémité un groupement — COOH (C terminal). Par convention, on numérote les aminoacides d'un *polypeptide* en partant du N terminal. Les petits polypeptides comportant deux à quelques dizaines d'acides aminés sont susceptibles de traverser une membrane de dialyse. Les gros polypeptides ou vraies *protéines*, macromolécules plus importantes, ne traversent pas de telles membranes. Ils comportent jusqu'à plusieurs centaines d'acides aminés (voir tableau suivant). Il est plus facile d'obtenir à l'état cristallin un petit polypeptide qu'une protéine.

Si la liaison peptidique oblitère les groupes fonctionnels des carbones-α des acides aminés, les deux groupes terminaux, d'une part, les groupes surnuméraires acides ou basiques de certains résidus R, d'autre part, contribuent à conférer aux polypeptides des propriétés d'ionisation apparentées à celles des acides aminés libres. Les ions portent de multiples charges dont la résultante est, selon le pH, négative ou positive. Comme pour un acide aminé, il existe une valeur de pH où charges négatives et positives équivalentes s'annulent, c'est le *point isoélectrique*.

L'ensemble des protéines, des petits polypeptides et des acides aminés isolés constitue les *protides*.

III. La composition en acides aminés des protéines

1) *La composition quantitative*

Les méthodes d'hydrolyse utilisées pour libérer les divers aminoacides d'une protéine peuvent provoquer la destruction de tel ou tel aminoacide. C'est le cas pour le tryptophane lors de l'hydrolyse à chaud par HCl. Toutefois, les résultats des différentes méthodes se complètent. La chromatographie, ensuite, permet l'évaluation quanti-

TABLEAU 5

	Sérum albumine (homme)	*Insuline (vache)*	*Collagène (vache)*
Glycine	15	4	363
Alanine	3	3	107
Valine	45	5	29
Leucine	58	6	28
Isoleucine	9	1	15
Phénylalanine	33	3	15
Tryptophane	1	0	0
Proline	31	1	131
Lysine	58	1	31
Arginine	25	1	49
Histidine	16	2	5
Acide aspartique et asparagine	46	3	47
Acide glutamique et glutamine	80	7	77
Sérine	22	3	32
Thréonine	27	1	19
Tyrosine	18	4	5
Cystéine	20	6	0
Méthionine	6	0	5
Total	513	51	958

tative des divers acides aminés d'un polypeptide. A titre d'exemple, le tableau 5 donne la composition en acides aminés de trois polypeptides.

La comparaison entre les compositions de plusieurs protéines montre que les aminoacides existent dans chacune en proportions fixes, spécifiques. Certains acides aminés peuvent être très abondants, d'autres peuvent être absents (voir le collagène). Nous accédons dès maintenant à une certaine conception de la structure moléculaire des protéines, caractérisée par la précision dans la composition. La formule générale « une protéine = *n* (aminoacides) », parfois employée, ne signifie pas du tout que *n* soit variable malgré le fait que les masses moléculaires soient souvent approximatives. Cette acquisition fut capitale pour le développement de la biologie moderne.

2) *La composition qualitative*
La structure primaire

S'ils sont en nombre précis dans chaque polypeptide, les acides aminés (compte tenu de l'uniformité de la liaison peptidique) sont-ils enchaînés d'une façon également précise ou aléatoire ? Ou, selon une expression consacrée, quelle est la structure primaire des polypeptides ? Ce problème de l'ordre d'enchaînement (la séquence) des acides aminés fut résolu pour la première fois grâce aux travaux de Sanger poursuivis durant une dizaine d'années après la deuxième guerre mondiale dans le cas de l'insuline.

Une condition importante à respecter est d'opérer sur une espèce chimique purifiée.

A) *Le nombre de chaînes polypeptidiques d'une protéine*

La première étape consiste à déterminer le nombre de chaînes peptidiques participant à l'édification de la molécule. Il peut n'y avoir qu'une seule chaîne. Mais, si les acides aminés sont enchaînés entre eux solidement par la liaison covalente peptidique, l'un d'entre eux, la cystéine, peut encore nouer une liaison covalente, latéralement en quelque sorte, avec une autre molécule de cystéine, par la création d'un pont disulfure :

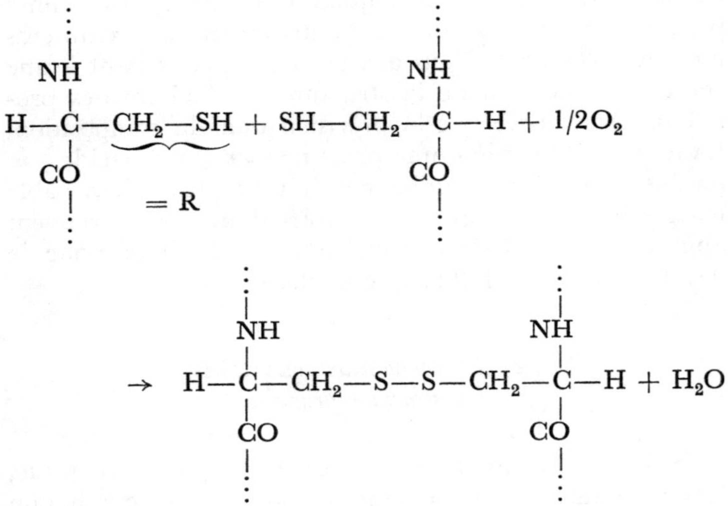

De tels ponts peuvent exister entre résidus cystéine d'une même chaîne ou de deux chaînes différentes. Dans ce dernier cas, la réduction d'un de ces ponts par voie chimique libère deux chaînes distinctes (le résultat inverse de la réaction précédente est obtenu). L'insuline s'est ainsi montrée constituée de deux chaînes polypeptidiques dites A et B (v. fig. 7, p. 42). Les étapes suivantes concernent la détermination de la séquence des acides aminés de chaque chaîne. Les acides aminés des extrémités de chaîne, les plus accessibles, peuvent d'abord être caractérisés.

B) *L'identification des acides aminés terminaux*

a) L'acide aminé initial. — En ce qui concerne l'acide aminé initial (porteur du —NH_2 terminal) diverses méthodes ont été utilisées. Celle de Sanger est basée sur le principe suivant : le groupement —NH_2 libre présente des réactions spécifiques, par exemple il donne un composé coloré avec le 2-4-dinitro-1-fluorobenzène (DNFB) :

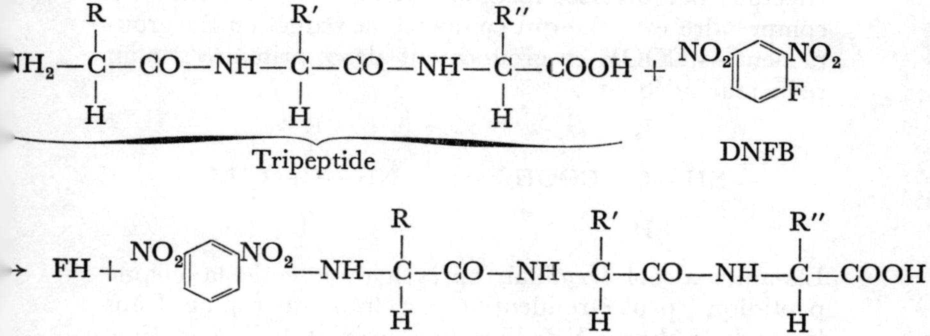

Une hydrolyse subséquente complète d'un polypeptide ne détruit pas ce composé coloré alors que toutes les liaisons peptidiques sont rompues :

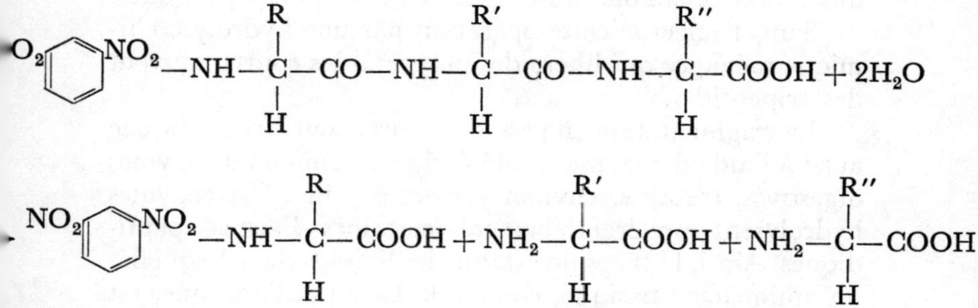

De l'hydrolysat, il est possible d'isoler, parmi des acides aminés libres, le composé dinitrophénylé correspondant à l'acide aminé initial. Cet acide aminé peut être ensuite identifié chromatographiquement par comparaison avec des composés dinitrophénylés témoins fournis par toute la gamme des acides aminés possibles.

Dans l'insuline, la chaîne A commence par la glycine et la chaîne B par la phénylalanine.

b) L'acide aminé final. — L'identification de l'acide aminé final (porteur du — COOH terminal) peut être effectuée par diverses méthodes. Une des plus simples à comprendre est celle qui comporte la réduction du groupement — COOH en groupement alcool primaire par un réducteur adéquat :

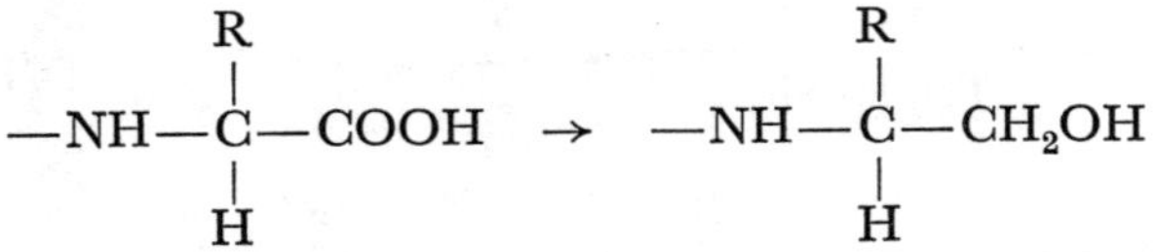

L'α-aminoalcool terminal, après hydrolyse de la chaîne peptidique, peut être identifié par chromatographie. Dans le cas de la chaîne A de l'insuline, il s'agit de l'asparagine.

c) Les acides aminés intermédiaires. — La détermination de la séquence des acides aminés intermédiaires reste la partie du travail la plus difficile. Elle nécessite une fragmentation préalable des longues chaînes polypeptidiques.

Sanger effectue cette opération par une hydrolyse chimique ménagée qui libère des polypeptides courts, souvent des tripeptides.

La fragmentation en peptides courts peut être pratiquée aussi à l'aide d'enzymes protéolytiques comme les enzymes digestives, trypsine, chymotrypsine, pepsine. Ces enzymes hydrolysent préférentiellement certaines liaisons peptidiques. Ainsi, la trypsine attaque les liaisons dans lesquelles un aminoacide basique, comme la lysine et l'arginine, est engagé par un groupement — COOH :

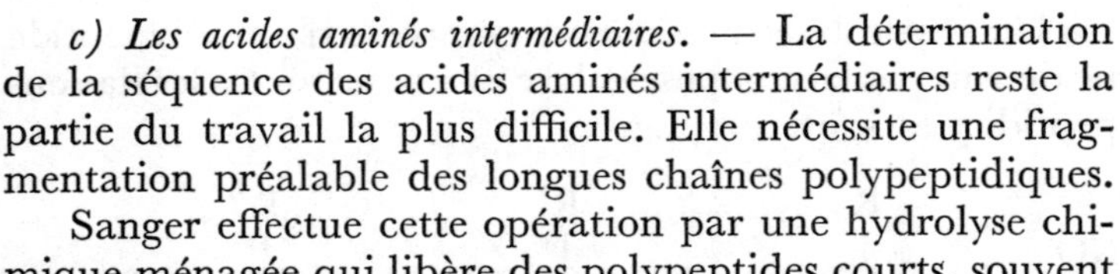

La chymotrypsine attaque de façon semblable les liaisons peptidiques dans lesquelles est engagé un groupe

— COOH de la tyrosine, du tryptophane ou de la phénylalanine. La pepsine a des propriétés différentes : elle attaque les liaisons dans lesquelles un groupe — NH_2 est fourni par la tyrosine, le tryptophane, la phénylalanine, la leucine et les acides glutamique et aspartique. Selon l'enzyme utilisée, on obtient des fragments différents (et dont l'un des aminoacides terminaux n'est déjà pas quelconque). Les deux acides aminés terminaux de chaque fragment, respectivement porteurs de — NH_2 et — COOH, sont identifiés définitivement par les méthodes précédemment décrites. Chaque fragment est complètement hydrolysé et la nature des acides aminés renfermés, déterminée par chromatographie. D'ores et déjà, s'il s'agit d'un fragment dipeptidique ou tripeptidique, sa séquence est maintenant connue, puisque la nature des acides aminés terminaux l'est déjà.

La séquence des acides aminés de chaque fragment étant alors connue, il reste à établir l'ordre dans lequel ces fragments s'enchaînent.

Voici comment le problème s'est posé dans le cas de l'insuline. Nous nous limiterons aux données permettant d'établir la séquence d'une partie de la chaîne A de ce polypeptide. L'acide aminé — NH_2 terminal étant la glycine et les peptides étant : Glu-Glu-Cys-, -Glu-Cys-Cys-, Gly-Ile-Val-Glu-Glu-, -Cys-Cys-Ala-, on constate des chevauchements :

Gly-Ile-Val-Glu-Glu
Glu-Glu-Cys
Glu-Cys-Cys
Cys-Cys-Ala

qui permettent de proposer la séquence suivante :

Gly-Ile-Val-Glu-Glu-Cys-Cys-Ala

Lorsqu'on utilise la fragmentation par les enzymes protéolytiques, on doit réaliser cette opération successi-

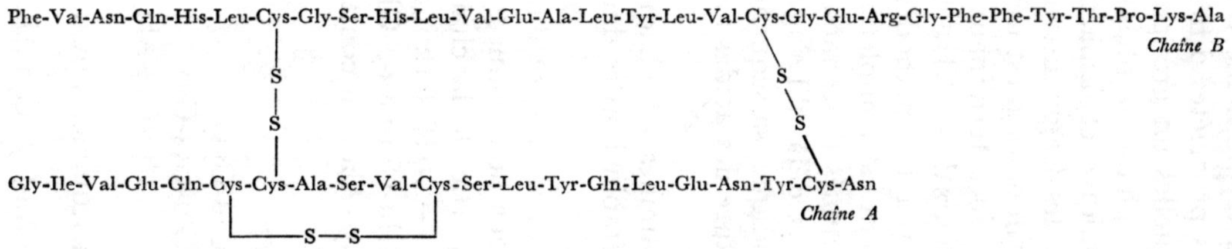

FIG. 7

Structure primaire de l'insuline

vement avec des enzymes de types différents. Il en résulte des fragments de nature différente dont la séquence des aminoacides est déterminée. La comparaison des résultats obtenus avec des enzymes différentes révèle des chevauchements qui sont utilisés pour reconstituer l'ensemble de la chaîne.

Dans le cas de l'insuline, les travaux de Sanger poursuivis durant une dizaine d'années ont abouti à l'analyse séquentielle suivante (fig. 7).

On remarque la présence dans la molécule d'un pont disulfure à l'intérieur de la chaîne A et de deux ponts de même nature entre les deux chaînes A et B.

Depuis les premières recherches de Sanger, plusieurs méthodes ont permis d'accélérer les travaux d'analyse séquentielle.

La méthode d'Edman utilise la réaction du groupement — NH_2 terminal avec le phénylisothiocyanate. Le composé formé peut être détaché et extrait chimiquement, le reste de la chaîne peptidique se maintenant intact. L'identification de l'acide aminé terminal extrait est réalisée par chromatographie. Le reste de la chaîne peptidique offre un nouvel acide aminé — NH_2 terminal à qui la même opération peut être appliquée. Cette méthode permet de réaliser le détachement des acides aminés successifs. Elle est maintenant appliquée dans un appareil automatisé et elle a permis d'identifier la séquence des acides aminés de nombreux peptides. Elle est particulièrement utile à l'analyse des peptides de plus de trois acides aminés. L'hémoglobine et diverses hormones ou enzymes (comme la glycéraldéhyde 3-phosphate déshydrogénase du muscle de homard qui comporte 333 aminoacides) ont été complètement analysées. Le résultat fondamental obtenu par ces analyses séquentielles est que chaque polypeptide, *chaque protéine, est caractérisé par une séquence individuelle, précise, d'acides aminés.*

Les analyses effectuées sur des macromolécules homologues extraites d'espèces différentes montrent, d'une façon générale, une grande similitude mais des différences locales plus ou moins nombreuses (remplacement d'un aminoacide par un autre). Ainsi dans le cas du cytochrome *c* (voir le chapitre sur la mitochondrie), dans la chaîne de cent quatre acides aminés, il y a une seule différence entre homme et singe, dix entre homme et chien et plus de quarante entre vertébrés et levure. En fait, ce genre de comparaison est un moyen de confirmer ou mieux de préciser les rapports phylogénétiques existant entre espèces ou groupes d'ordre supérieur.

IV. La forme des molécules de protéines

Les chaînes polypeptidiques comportent fondamentalement une sorte de « colonne vertébrale » constituée par la succession des carbones-α et des liaisons peptidiques (motif encadré dans la formule ci-dessous), les résidus R étant latéraux :

$$
\begin{array}{ccccccccccccccc}
 & R_1 & & & & R_2 & & & & R_3 & & & & R_4 & \\
 & | & & & & | & & & & | & & & & | & \\
H_2N- & C & -CO- & NH- & \boxed{C & -CO- & NH} & - & C & -CO- & NH- & C & -CO- & etc. \\
 & | & & & & | & & & & | & & & & | & \\
 & H & & & & H & & & & H & & & & H &
\end{array}
$$

Quelle est la forme réelle de ces chaînes ? Elle n'est certainement pas quelconque puisque nombreuses sont les macromolécules de ce type qui peuvent « cristalliser », ce qui suppose qu'elles aient une morphologie précise et régulière. Cette considération permet d'entrevoir pourquoi la méthode qui a permis aux biophysiciens d'obtenir des renseignements sur l'organisation des protéines est la diffraction de rayons X, méthode cristallographique par excellence. Cette méthode est complexe dans ses principes et délicate dans son interprétation. Nous nous limiterons à en exposer certains aspects parmi les plus accessibles.

1) *La méthode de diffraction des rayons X*

Dans un cristal, les atomes ou ions sont disposés régulièrement dans des plans équidistants. Leur agencement est celui d'un réseau à trois dimensions. La diffraction des rayons X par les électrons des atomes, c'est-à-dire leur réémission, sans changement de longueur d'onde, en toutes directions, permet par exemple de mesurer la distance *d* entre ces plans. En effet, si un faisceau de rayons X de longueur d'onde connue (de l'ordre de la distance entre les plans réticulaires du cristal) est projeté sur un cristal avec une certaine incidence, une partie en est diffractée en surface et d'autres le sont par les particules des différents plans du réseau cristallin. En fait, la plus grande partie de l'énergie incidente est retrouvée dans un faisceau réfléchi

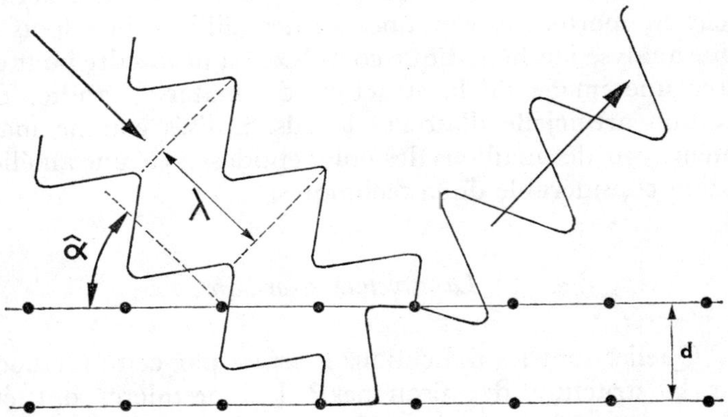

FIG. 8. — Réflexion de rayons X par les atomes d'un cristal

par ces différents plans. La figure 8 montre qu'un faisceau réfléchi peut totaliser les rayons renvoyés par les plans successifs. L'intensité de ce faisceau est maximale lorsque les divers trajets suivis par les rayons diffèrent par un multiple entier (*n*) de la longueur d'onde λ des rayons X.

En effet, dans ce cas, les rayons sont en phase. Géométriquement, il est facile de démontrer que ce cas est réalisé lorsque $n\lambda = 2\, d \sin \hat{\alpha}$ (relation de Bragg) où $\hat{\alpha}$ est le complément de l'angle d'incidence. On peut donc calculer « *d* », la distance entre les plans réticulaires.

L'analyse d'un cristal comme celui du chlorure de sodium est relativement simple, car le cristal ne comporte que deux types d'atomes et que la relation de Bragg qui s'applique aux rayons réfléchis peut être utilisée.

Dans le cas des cristaux de molécules complexes comme les protéines, on utilise le fait que les divers types d'atomes diffractent les rayons X de façons différentes, en corrélation avec leurs densités électroniques respectives. L'analyse structurale devient cependant très délicate car la diffraction est en réalité une dispersion des rayons dans des directions variées (et pas seulement dans la direction de réflexion). Il en résulte qu'un diagramme de diffraction peut comporter des centaines ou des milliers de « spots ». Une analyse mathématique complexe est nécessaire pour en tirer une image de la structure du matériel étudié. La fixation artificielle d'atomes lourds, utilisés comme marqueurs, sur des maillons des polypeptides, a été une amélioration considérable de la technique.

2) *La structure secondaire*

Quelles sont les indications fournies par cette méthode sur la structure des protéines ? Les premières ont été obtenues sur des protéines fibreuses, l'α-kératine des cheveux ou de la laine, la fibroïne de la soie, choisies comme devant offrir des chaînes polypeptidiques orientées et très stables. Effectivement, la diffraction de rayons X révèle l'existence dans ces deux types de protéines, d'une périodicité structurale. Dans l'α-kératine, des unités de structure se succèdent à des distances de 5 à 5,5 Å. Dans la fibroïne, cette distance est de 7 Å.

On pourrait penser que la périodicité correspond à l'intervalle entre 2 carbones-α de la « colonne vertébrale » de la chaîne polypeptidique, chacun porteur d'un résidu R. Cet intervalle correspond à la liaison peptidique elle-même

```
       H
       |
— C — N —
  ‖
  O
```

. La configuration spatiale des atomes en jeu dans la liaison peptidique a été l'objet d'études approfondies à l'aide de la diffraction de rayons X par Pauling et Corey. Il en résulte qu'elle mesure 3,6 Å et que les quatre atomes qu'elle comporte et les deux carbones-α qu'elle relie sont situés dans un même plan (mais des rotations sont possibles au niveau des Cα). Compte tenu des directions des liaisons interatomiques, la « colonne vertébrale » d'une chaîne polypeptidique est en fait en zigzag (fig. 9).

De toute façon, ce résultat n'est pas satisfaisant d'emblée, par rapport aux périodes structurales observées dans les protéines fibreuses. Pauling et Corey ont été amenés à proposer des modèles structuraux compatibles avec les mesures de ces périodes, en particulier des enroulements variés que permettent les possibilités de rotation au niveau des carbones-α. Le modèle le plus probable de l'α-kératine est une hélice dite « α » d'une épaisseur de 10 Å et d'un pas de 5,4 Å correspondant sensiblement à la période structurale de la protéine. Une hélice-α comporte 3,6 acides aminés par tour de spire (la périodicité observée ne doit pas être absolument réelle puisqu'elle ne correspond pas exactement au retour d'une structure identique après un tour de spire). Dans ce modèle, les résidus R sont orientés à l'extérieur de l'hélice (fig. 10). La spiralisation met à proximité un groupe NH d'une liaison peptidique et un groupe C = O de l'acide aminé (le quatrième en suivant l'hélice) situé un tour de spire au-dessus. Une liaison hydrogène peut ainsi s'établir. Il en est de même pour tous les groupements semblables qui sont tous régulièrement

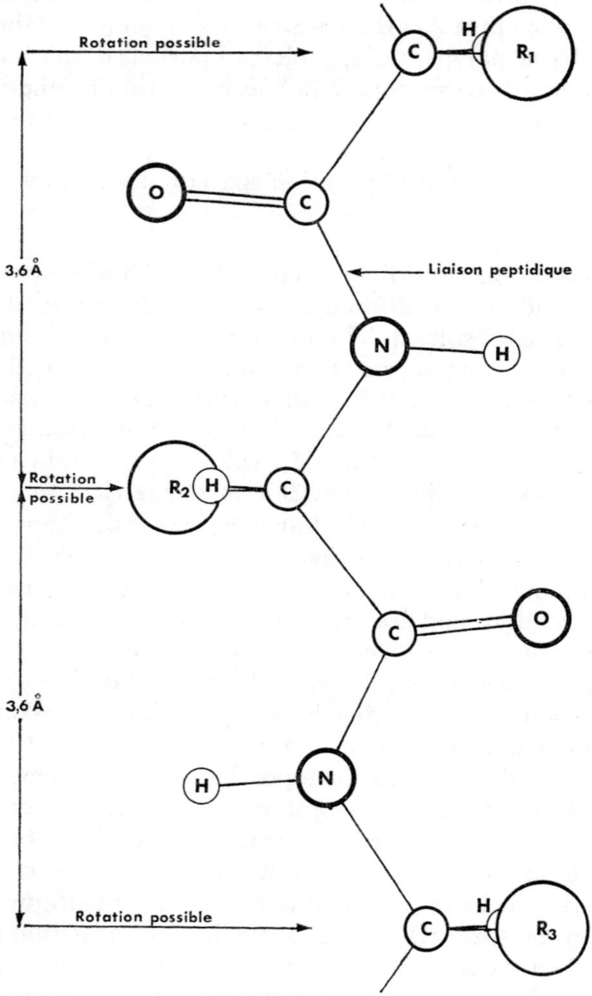

FIG. 9. — Structure d'un fragment de chaîne polypeptidique

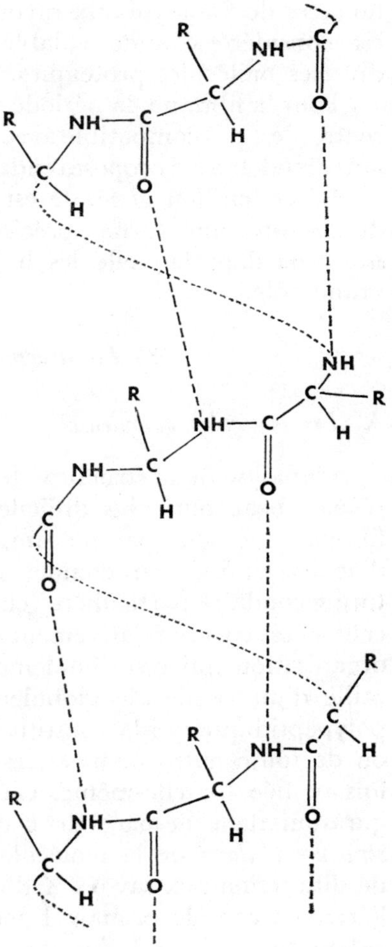

Fig. 10
Structure secondaire
en hélice α
d'une chaîne polypeptidique

dans les mêmes situations respectives. Ces liaisons hydrogène sont autant de forces contribuant à la rigidité de l'hélice. Leur nombre (presque quatre par tour de spire) rendrait bien compte de la stabilité de ce type de macromolécules fibreuses. Satisfaisant sur ce plan comme aux données de l'analyse aux rayons X, le modèle de l'*hélice-α* est considéré comme valable. Il doit être réalisé par diverses molécules protéiques.

Pour la fibroïne, la période structurale, de mesure différente, n'est pas compatible avec le modèle de l'hélice-α. Un autre modèle a été proposé rendant compte de cette situation.

La conclusion générale est que les chaînes polypeptidiques ont une forme précise, spécifique, une *structure secondaire* dans laquelle les liaisons hydrogène jouent un grand rôle.

3) *La structure tertiaire*

A) *Les molécules globuleuses*

L'analyse de la structure des protéines globuleuses s'est révélée beaucoup plus difficile. En effet, si les protéines fibreuses ne sont pas de simples alignements rectilignes d'acides aminés en chaîne, mais montrent une structure secondaire particulière (enroulement hélicoïdal, etc.), celle-ci est encore relativement simple puisqu'il s'agit d'une organisation qui reste finalement orientée. Par contre, la taille d'une molécule globuleuse est telle que la chaîne polypeptidique qui la constitue, même enroulée en spirale ou de toute autre manière, est obligatoirement plusieurs fois repliée sur elle-même. C'est essentiellement la configuration dans l'espace de cette chaîne qui constitue la *structure tertiaire* de la molécule protéique. Le diagramme de diffraction aux rayons X d'une telle protéine est singulièrement complexe, mais il permet d'identifier les atomes et leur disposition relative, donc la structure de la molécule.

Le premier résultat de ce type a été obtenu par Kendrew et Perutz sur la molécule de myoglobine. Cette molécule, abondante chez le cachalot en particulier, est proche de l'hémoglobine. Elle comprend, comme celle-ci, un groupe chimique hème (fig. 11) contenant du fer, de nature non peptidique.

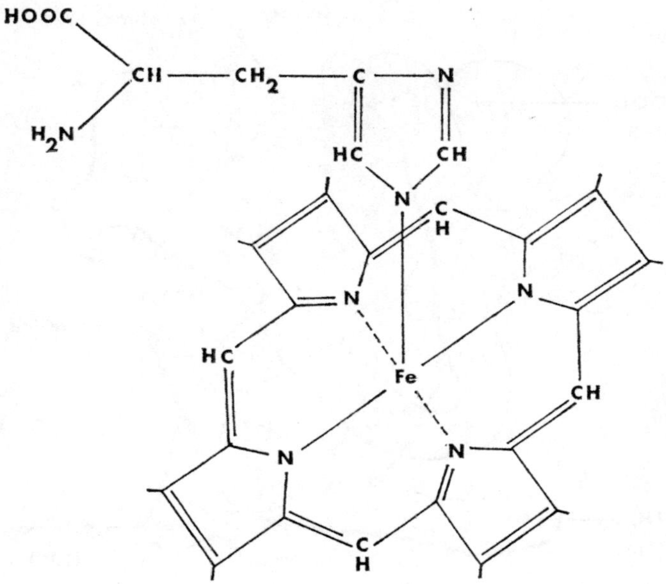

FIG. 11. — Structure chimique d'un groupement hème

La molécule de myoglobine comporte cent cinquante-trois acides aminés et près de deux mille cinq cents atomes. L'emplacement de tous les atomes de carbone de la « colonne vertébrale » peptidique et des résidus « R » des acides aminés a pu être déterminé. Il en résulte que la chaîne de myoglobine comporte huit sections grossièrement rectilignes en hélice-α, de longueurs différentes, faisant entre elles des coudes (fig. 12).

Ces coudes sont déterminés par la présence d'acides aminés particuliers comme la proline dont la structure est exceptionnelle. Celui-ci ne possède pas de groupe — NH_2 et le carbone-α et l'azote sont incorporés au résidu R cyclique. Il en découle une impossibilité d'établissement d'une liaison hydrogène à ce niveau et d'autre part une morphologie particulière (une « raideur ») de l'articulation

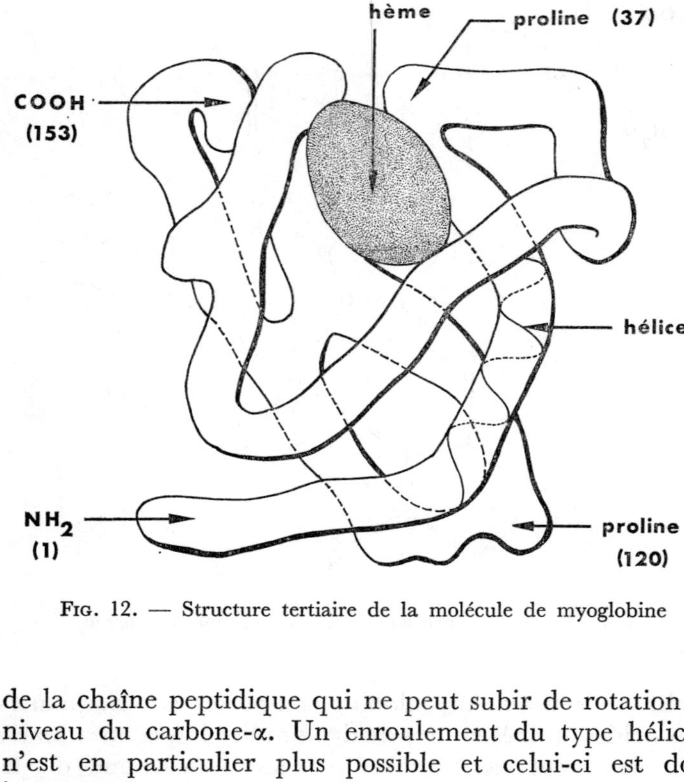

Fig. 12. — Structure tertiaire de la molécule de myoglobine

de la chaîne peptidique qui ne peut subir de rotation au niveau du carbone-α. Un enroulement du type hélice-α n'est en particulier plus possible et celui-ci est donc interrompu.

Finalement, la molécule de myoglobine se présente comme un boudin, replié sur lui-même de façon très compacte, le groupe hème étant situé dans une dépression et relié à un résidu histidine. Les résidus R des acides aminés montrant un caractère polaire, donc les plus hydrophiles, sont à l'extérieur, alors que les plus hydrophobes sont vers l'intérieur de la macromolécule.

Depuis les découvertes de Kendrew et Perutz, la structure tertiaire d'autres macromolécules cristallisables a été analysée. Il s'agit de diverses enzymes, du cytochrome *c*, etc.

D'une façon assez générale, les facteurs qui contribuent

à modeler la forme d'une molécule protéique sont l'existence de segments hélicoïdaux, la présence de plicatures au niveau de la proline, l'orientation des résidus R hydrophiles vers l'extérieur et des résidus hydrophobes vers l'intérieur. En outre, les résidus R ayant un caractère polaire, dû par exemple à un groupement — OH, peuvent nouer des liaisons hydrogène avec d'autres résidus R comme celui de l'acide aspartique porteur d'un — COO^+. Les liaisons possibles ayant tendance à se réaliser, les acides aminés susceptibles de se lier par leurs résidus R tendent à être proches l'un de l'autre, contribuant à orienter des replis de la chaîne polypeptidique. De même, des résidus non polaires sont susceptibles d'être attirés entre eux par des forces de Van der Waals. D'autre part, les charges électriques des résidus R polaires ionisables (— NH_3^+ ou — COO^- libres des aminoacides basiques ou acides) entraînent des attractions (liaisons) ou répulsions électrostatiques selon les charges en présence qui contribuent également à déterminer les positions respectives des divers segments de la chaîne polypeptidique. Dans certaines molécules, la possibilité de création de ponts disulfure est un élément important de l'architecture.

En dernière analyse, la conformation tertiaire de la molécule dépend donc de la structure primaire de la chaîne polypeptidique et des interactions et contraintes que celle-ci entraîne. En dehors des liaisons covalentes responsables de la « colonne vertébrale » de la protéine, on voit l'importance des très nombreuses liaisons dites faibles (liaison hydrogène, liaison ionique, force de Van der Waals) dans la forme finale de la molécule.

B) *La dénaturation*

La structure tertiaire des protéines est ordinairement perdue par un chauffage au-dessus de 50 °C, c'est-à-dire que les replis de la chaîne polypeptidique se relâchent. Ceci est dû à la rupture des nombreuses liaisons faibles du fait de l'agitation thermique. On dit que la molécule est dénaturée. Ce phénomène est dans certains cas réversible si la dénaturation n'a pas été trop énergique et si la solution protéique est refroidie lentement. D'autres facteurs sont également dénaturants. On comprend par exemple que certains pH, en agissant sur l'ionisation de groupes polaires, puissent modifier la stabilité de l'édifice protéique. Il en est de même pour des substances chimiques comme l'urée, qui détruisent les liaisons hydrogène intraprotéiques y compris celles de l'hélice-α. La dénaturation entraîne une perte plus ou moins complète des propriétés biologiques de la molécule.

4) *La structure quaternaire*

Nous avons signalé précédemment une certaine parenté entre la myoglobine et l'hémoglobine. Pourtant, leurs masses moléculaires sont respectivement de 17 000 et 64 500.

Sous l'action de l'urée, l'hémoglobine se dissocie en deux demi-molécules d'une masse moléculaire de 32 000. Chacune comporte en réalité deux chaînes polypeptidiques, les globines dites α et β, d'ailleurs peu différentes dans leur structure primaire et (ce qui est logique) dans leur structure tertiaire. Elles sont aussi peu différentes de la chaîne de la myoglobine, ce qui signifie que les structures primaires respectives comportent les mêmes résidus R susceptibles de former des liaisons semblables dans des positions clefs quant à la détermination de la configuration finale de la chaîne. (Les propriétés physiologiques de l'hémoglobine totale sont cependant différentes de celles de la myoglobine.) L'ensemble des quatre chaînes constitue un petit polymère (ou oligomère) d'un polypeptide.

Finalement, du fait des arrangements structuraux secondaire, tertiaire et quaternaire, l'hémoglobine se présente comme une particule globuleuse d'environ 55 Å de diamètre alors que ses 574 acides aminés, disposés de façon rectiligne, s'étendraient sur plus de 2 000 Å de longueur.

D'une façon générale, les gros édifices protéiques d'une masse moléculaire supérieure à environ 50 000 sont ainsi constitués de l'assemblage de monomères. Un tel assemblage représente une *structure quaternaire*. Comme le montre l'action de l'urée sur l'hémoglobine signalée ci-dessus, cet assemblage est réalisé par le moyen de liaisons faibles comme la liaison hydrogène. Dans le cas de l'hémoglobine, la suppression de l'action de l'urée permet le réassemblage (l'auto-assemblage) des sous-unités séparées. (Si cette action de l'urée est très forte, la structure tertiaire des monomères est atteinte aussi.)

Si de tels assemblages peuvent se réaliser au moyen, non de liaisons fortes covalentes, mais de liaisons faibles, et se montrer relativement solides, c'est qu'ils mettent en jeu un grand nombre de liaisons faibles dont les effets s'ajoutent. Ceci ne peut se produire que si les surfaces des monomères polypeptidiques sont, dans une certaine mesure, « complémentaires ».

V. Classification des protéines

Sans entrer dans des détails, nous nous contenterons de signaler la distinction suivante. On peut séparer les holoprotéines dont l'hydrolyse ne libère que des acides aminés, des hétéroprotéines dont l'hydrolyse libère, outre des acides aminés, une fraction chimique non protidique.

1) *Les holoprotéines*

Les *histones* et surtout les *protamines* sont des protéines riches en acides aminés, lysine et arginine, porteurs de groupement — NH_2 supplémentaires. Ce sont donc des protéines à caractère basique.

Les *albumines* de l'œuf, du lait, du sérum sanguin sont très solubles dans l'eau.

Les *globulines* sont des protéines très intéressantes, comme par exemple les γ globulines qui constituent les anticorps élaborés par un individu en réaction à l'introduction de protéines étrangères à son propre organisme, la thyréoglobuline de la thyroïde, l'actine et la myosine des muscles.

Les *scléroprotéines*, comme la kératine, la fibroïne de la soie, le collagène, sont des protéines fibreuses très résistantes et insolubles.

2) *Les hétéroprotéines*

Elles sont classées en fonction de la fraction non protidique dénommée groupement prosthétique.

Les *phosphoprotéines* comme la caséine du lait renferment de l'acide phosphorique.

Les *chromoprotéines* ou protéines colorées comptent l'hémoglobine et la myoglobine dont nous avons étudié la structure. Le groupement prosthétique est le groupe hème qui contient le fer. Les hémoglobines de diverses espèces animales sont différentes ainsi que l'hémoglobine du fœtus et de l'adulte. Dans ce même groupe, se rangent divers autres pigments également respiratoires ou non (comme les chloroplastines à chlorophylle des plantes).

Les *nucléoprotéines*, *lipoprotéines* et *glycoprotéines* comportent respectivement des acides nucléiques, lipides ou glucides (substances que nous étudierons dans des chapitres ultérieurs) associés à la fraction protéique.

Cette classification des protéines est arbitraire, comme beaucoup de classifications. On ne s'étonnera donc pas d'apprendre qu'il existe d'autres classifications des protéines en fonction de critères différents de celui que nous avons retenu. Une classification définitive « idéale » ne sera faite que lorsque la structure primaire de toutes les protéines envisagées sera connue.

VI. Conclusion

Nous avons étudié de façon détaillée la constitution chimique des protéines. C'est qu'elle conditionne la forme des molécules. Or celle-ci joue un grand rôle dans les propriétés de ces substances comme nous allons en avoir un exemple dès le chapitre suivant.

D'une façon générale, les protéines ont, dans la matière vivante, une importance quantitative et qualitative considérable.

CHAPITRE IV

Les modalités des réactions biochimiques

I. Les conditions thermodynamiques de réalisation des réactions

Dans l'étude chimique des protéines, nous avons décrit, d'une part, la formation de la liaison peptidique (covalente) et, d'autre part, la destruction de cette même liaison peptidique (par l'hydrolyse), c'est-à-dire deux réactions de sens opposés. Il existe bien d'autres cas semblables. Une question fondamentale est donc posée : Quelles sont les conditions qui font que telle ou telle réaction soit spontanément réalisable ?

Cette question se situe sur le plan thermodynamique et, pour y répondre, nous envisagerons le problème, pour commencer, d'une façon très large.

1) *L'énergie totale ou enthalpie d'un système*

Deux corps, a_1 et a_2, susceptibles de réagir entre eux pour donner un composé $a_1\,a_2$ peuvent être considérés comme constituant un système. L'énergie totale ou enthalpie du système, avant et après la réaction, peut être évaluée. Dans les conditions de pression constante qui sont réalisées dans le domaine qui nous intéresse, il suffit de mesurer les quantités de chaleur respectivement fournies par la combustion de a_1 et a_2, d'une part, du composé $a_1\,a_2$, d'autre part. La différence entre les deux mesures est la chaleur de réaction ou *variation d'enthalpie* ΔH qui s'exprime en calories par mole (cal/mole) ou en kilocalories par mole.

A quoi correspond la variation d'énergie totale ? On est amené à considérer qu'elle correspond à la somme de la variation d'énergie susceptible de produire un travail et de l'énergie inutilisable associée à la variation d'entropie du système. Plus précisément la variation d'enthalpie ΔH est égale à la variation d'énergie libre ΔG et à l'expression $T\,\Delta S$ (produit de la variation d'entropie par la température absolue) :

$$\Delta H = \Delta G + T\,\Delta S \qquad (1)$$

On peut tirer facilement de cette équation la valeur de la variation d'énergie libre ou énergie utilisable :

$$\Delta G = \Delta H - T\,\Delta S \qquad (2)$$

Avant d'aller plus avant, il nous faut disposer de plus d'information sur la variation d'enthalpie et sur la notion d'entropie.

2) *La variation d'enthalpie*

La formation *spontanée* d'une liaison chimique entre les corps a_1 et a_2 s'accompagne de la libération d'une certaine quantité d'énergie :

$$a_1 + a_2 \rightarrow a_1\,a_2 + \text{énergie}.$$

La rupture du composé nécessite la fourniture d'énergie au système (cette réaction n'est pas spontanée). Quand il faut fournir une grande quantité d'énergie, c'est que la liaison entre les atomes a_1 et a_2 est forte. Inversement, il faut fournir une petite quantité d'énergie pour rompre une liaison faible.

Conformément au premier principe de la thermodynamique (principe de la conservation de l'énergie), la quantité d'énergie libérée lors d'une combinaison spontanée est équivalente à celle qui est nécessaire à sa rupture. On peut donc dire que l'établissement d'une liaison forte s'effectue avec une libération d'énergie plus grande que celle d'une liaison faible.

Dans beaucoup de cas, les réactions spontanées conduisent à un niveau inférieur d'énergie (ont un ΔH négatif). La variation d'enthalpie lors de l'oxydation du glucose est, par exemple, de — 673 kcal/mole. Cependant le sens de la variation d'enthalpie est insuffisant pour fournir dans tous les cas une indication sur la spontanéité des réactions.

3) *L'entropie*

Celle-ci peut être définie comme « *la quantité de désordre* ». Cette définition surprend. Elle est à la fois abstraite et imprécise. La définition mathématique de l'entropie serait plus précise mais aussi très complexe. Nous nous contenterons donc de la précédente en essayant, par quelques exemples, de la rendre plus concrète. Dans le cas de la diffusion des protéines en solution (v. fig. 3, p. 22), à la fin de l'expérience, les protéines sont plus dispersées, plus désordonnées. Du sel marin cristallisé mis dans l'eau s'y dissout et les ions Cl^- et Na^+ sont aussi beaucoup plus dispersés, plus en désordre dans la solution que dans les cristaux. *Dans ces exemples de phénomènes spontanés, l'entropie augmente.* De plus, ces phénomènes ne sont pas réversibles : les protéines ne se concentreront pas spontanément dans une partie de la solution et le sel ne recristallisera pas spontanément. De même, un gaz contenu dans un récipient à une certaine pression et mis en communication avec un autre récipient vide s'y répand de telle sorte que sa pression s'abaisse jusqu'à être équivalente dans les deux récipients et ceci irréversiblement. Il en est encore ainsi pour deux morceaux de métal, l'un à température élevée, l'autre froid qui, mis en contact, atteignent tous deux la même température intermédiaire.

D'une façon absolument générale, une évolution spontanée des systèmes physiques tend à l'uniformisation des pressions, des températures, des dilutions, etc., donc à la disparition des états ordonnés (qu'on qualifierait volontiers d'états « supérieurs »). Or le gaz dont la pression a diminué, le métal dont la température a baissé ont perdu la possibilité d'effectuer du travail par conversion de leur énergie mécanique ou calorifique. En effet, entre un centre de haute pression gazeuse et un centre de basse pression, un courant pourrait se créer (au niveau de l'atmosphère, ce serait un vent avec toutes ses possibilités de travail mécanique). Rien de tel n'est plus possible si les pressions sont uniformisées. Plus généralement, la fraction de l'énergie d'un système en évolution qui est consacrée à augmenter l'entropie n'est donc en effet pas une énergie « utile » ou « utilisable ».

4) *La variation d'énergie libre*

C'est cette valeur dont nous venons de voir l'expression dans l'équation (2) qui fournit finalement un moyen général d'apprécier le caractère spontané ou non d'une réaction. En effet, la thermodynamique conduit à admettre qu'*une réaction spontanée est caractérisée par une diminution de l'énergie libre du système.* Ainsi la variation d'énergie libre qui accompagne la réaction d'oxydation du glucose est de — 688 kcal/mole, plus négative que la chaleur de réaction (— 673 kcal/mole) car l'entropie a augmenté. Une telle réaction est dite aussi exergonique, alors qu'une réaction caractérisée par un ΔG positif est dite endergonique (et n'est pas spontanée). Si ce critère est retenu, c'est en particulier parce que la variation d'énergie libre est aisément calculée. En effet, dans l'exemple de la combinaison entre les corps a_1 et a_2 que nous avons utilisé précédemment, en pratique la formation du composé $a_1 a_2$ est plus ou moins équilibrée par sa destruction à la suite de chocs entre les molécules. Le système est donc le siège d'une réaction plus ou moins fortement réversible :

$$a_1 + a_2 \rightleftarrows a_1\,a_2 + \text{énergie}.$$

A l'équilibre, l'état d'un tel système relève de la loi d'action de masse :

$$K = \frac{[a_1\,a_2]}{[a_1]\,[a_2]}.$$

D'autre part, au cours de la réaction spontanée, l'énergie libre décroît et se trouve minimale à l'équilibre. Or, cette variation d'énergie libre est reliée à l'équilibre par la relation suivante $\Delta G^0 = -\,RT\,\text{Ln}\,K$ dans laquelle R est la constante universelle des gaz (1,987 par mole et par degré), T la température absolue, Ln K le logarithme népérien de la constante d'équilibre et ΔG^0 (exprimé en kilocalories par mole) la variation standard d'énergie libre, c'est-à-dire la variation lorsque les corps en réaction sont en solution dans les conditions standardisées suivantes : à la concentration d'une mole par litre, à 25 °C et à la pression d'une atmosphère. (On calcule et on utilise souvent, en biologie, la variation $\Delta G^{0\prime}$ pour la réaction effectuée à pH 7.)

Le tableau 6 donne les résultats du calcul de la valeur de ΔG^0 en fonction de diverses constantes d'équilibre K :

TABLEAU 6

K	ΔG^0 *(en kcal/mole)*
0,001	+ 4,08
0,01	+ 2,72
0,1	+ 1,36
1	0
10	— 1,36
100	— 2,72
1 000	— 4,08

La connaissance de la valeur du ΔG^0 d'une réaction permet de savoir si elle se réalise spontanément ou, au contraire, quelle fourniture d'énergie elle nécessite pour pouvoir s'accomplir (dans les conditions standardisées).

II. Les enzymes

1) *Mise en évidence du rôle des enzymes*

Dans une protéine, la liaison peptidique qui enchaîne les acides aminés est une liaison covalente, c'est-à-dire une liaison relativement forte. Sa rupture par hydrolyse correspond à la réaction suivante :

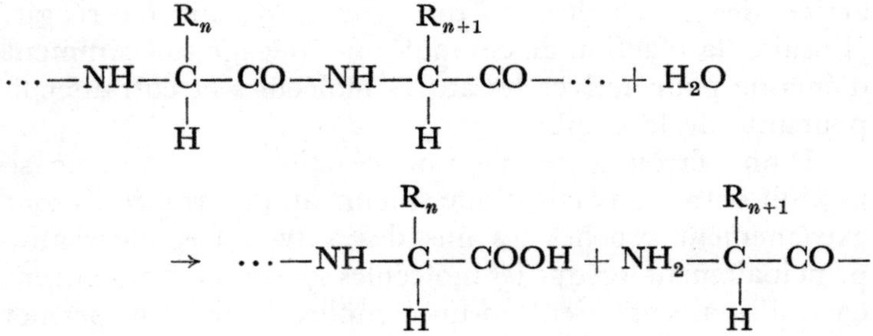

Cette réaction s'accompagne d'une variation d'énergie libre négative et pourrait donc se dérouler spontanément. De plus, l'importance de la « concentration en eau » (dans une solution *in vitro* ou dans la matière vivante), très supérieure à la concentration « standard » d'une mole par litre, tend à favoriser la réaction. Pourtant le phénomène ne se réalise pas spontanément. D'ailleurs pour découvrir la composition d'une protéine (par hydrolyse) nous avons dû employer différents moyens, soit le chauffage à 100 °C d'une solution en présence d'acide, soit l'utilisation de certaines enzymes comme la trypsine, la chymotrypsine, etc., substances elles-mêmes protéiques d'origine biologique.

Nous allons essayer de comprendre pourquoi la réaction théoriquement spontanée ne se déroule pas, pourquoi elle se réalise avec les deux moyens utilisés et enfin ce qui distingue ces derniers entre eux.

Pour discuter le premier point, nous nous appuierons sur un cas très banal de chimie minérale, celui de la combinaison de l'oxygène et de l'hydrogène en eau. On sait que ces deux gaz peuvent rester en présence l'un de l'autre sans réagir, alors que la formation de liaisons O — H s'accompagnerait d'une si forte variation négative d'énergie libre (plusieurs dizaines de kilocalories par mole) que la réaction serait pratiquement totale. Par contre, la réaction est déclenchée par l'introduction d'une allumette dans le mélange ou par une étincelle électrique. Par ces moyens, qui introduisent une certaine quantité de chaleur, on a activé des molécules, ce qui leur a permis de réagir. (Ensuite, la réaction de ces molécules dégage suffisamment d'énergie pour activer les autres molécules et entraîner la poursuite de la combinaison.)

D'une façon générale, une réaction chimique ne se produit entre deux corps que si leurs atomes respectifs sont extrêmement proches les uns des autres. Ceci se réalise principalement lorsque les molécules se rencontrent, entrent en collision, s'associent en un complexe activé qui permet à la réaction de se dérouler. Au fond, la réaction ne s'effectue que si les molécules sont portées à un certain niveau énergétique. La chaleur, en accroissant l'agitation moléculaire, augmente les possibilités de rencontres efficaces entre molécules. Elle assure la fourniture de l'énergie d'activation nécessaire.

La nécessité d'une certaine « *énergie d'activation* » nous permet de comprendre pourquoi des réactions théoriquement spontanées ne démarrent pas. Il est clair que cette énergie d'activation ne doit pas être confondue avec la variation (négative ou positive) d'énergie libre au cours de la réaction.

Dans le cas de l'oxygène et de l'hydrogène, on sait aussi qu'un catalyseur, la mousse de platine, favorise la réaction.

Le rôle d'un catalyseur est précisément de diminuer l'énergie d'activation nécessaire.

Dans notre exemple du début, de l'hydrolyse d'une protéine par chauffage en milieu acide, le chauffage fournit de l'énergie et l'acide joue un rôle de catalyseur. L'autre moyen, l'emploi d'une enzyme, permet aussi l'abaissement de l'énergie d'activation.

Dans une réaction très simple, différente, la décomposition de l'eau oxygénée : $H_2O_2 \rightarrow H_2O + 1/2O_2$, des mesures précises montrent que l'énergie d'activation est de 18 kcal/mole. En présence de platine, elle n'est plus que de 11,7 kcal/mole. L'enzyme spécifique, la catalase, abaisse la quantité nécessaire d'énergie d'activation à moins de 5 kcal/mole.

L'intérêt essentiel de l'enzyme est donc d'abaisser d'une façon particulièrement importante la barrière de l'énergie d'activation. Ceci est une propriété générale des enzymes qu'illustre le schéma de la figure 13.

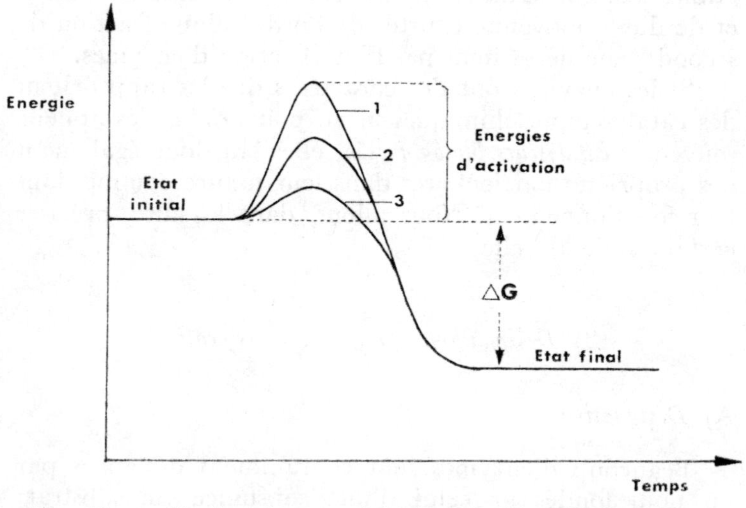

FIG. 13. — Courbes montrant la valeur de l'énergie d'activation d'une réaction exergonique :
1, sans catalyseur; 2, avec un catalyseur chimique; 3, avec une enzyme

En plus, l'enzyme agit aux températures biologiques et ne nécessite pas un chauffage qui serait incompatible avec la vie.

Les enzymes sont le moyen mis en œuvre par la matière vivante pour franchir le seuil de l'énergie d'activation et permettre le déroulement rapide de réactions chimiques dans les conditions physiologiques.

Comme les catalyseurs chimiques, les enzymes se retrouvent intactes à la fin d'une réaction. Elles agissent en petite quantité en accélérant une réaction qui, de toute manière, se produirait, mais avec une lenteur extrême. Elles peuvent catalyser deux réactions réverses mais ne modifient pas le point d'équilibre entre ces deux réactions. Elles ne rendent pas non plus possible une réaction qui serait thermodynamiquement impossible. Une enzyme facilite une réaction endergonique si l'énergie nécessaire est fournie.

Précisons également que les enzymes sont en jeu dans des réactions impliquant des liaisons covalentes. Les liaisons faibles (comme la liaison hydrogène), ordinairement labiles et de durée moyenne courte (de l'ordre d'une fraction de seconde), ne nécessitent pas l'intervention d'enzymes.

Si les enzymes ont des caractères qui les rapprochent des catalyseurs « chimiques », au point qu'on les appelle souvent « *catalyseurs biologiques* », elles ont donc également des propriétés particulières dans leur nature comme dans leur fonctionnement. Nous allons, dans la suite, préciser certaines d'entre elles.

2) *Désignation, spécificité, classification*

A) *Désignation*

Beaucoup d'enzymes sont couramment désignées par un nom fondé sur celui d'une substance (le substrat) qu'elles attaquent, suivi du suffixe « ase ». C'est le cas de l'amylase salivaire qui agit sur l'amidon. Dans divers cas cependant, un même substrat peut se prêter à des réactions diverses. Ainsi l'acide glutamique est un aminoacide dont le groupement α-aminé peut être l'objet de réactions différentes. Dans un cas, la transamination, ce groupement peut être transféré sur un acide cétonique non aminé comme l'acide pyruvique (qui se trouve transformé alors en un acide aminé, l'alanine) :

acide glutamique + acide pyruvique
⇄ acide α-cétoglutarique + alanine

$$\mathrm{COOH{-}CH_2{-}CH_2{-}CH}\left\langle\begin{matrix}\mathrm{NH_2}\\\mathrm{COOH}\end{matrix}\right. + \mathrm{CH_3{-}CO{-}COOH}$$

$$\rightleftarrows \mathrm{COOH{-}CH_2{-}CH_2{-}CO{-}COOH} + \mathrm{CH_3{-}CH}\left\langle\begin{matrix}\mathrm{NH_2}\\\mathrm{COOH}\end{matrix}\right.$$

Dans un autre cas, l'acide glutamique peut être désaminé :

acide glutamique ⇄ acide α-cétoglutarique + ammoniac

$$\mathrm{COOH{-}CH_2{-}CH_2{-}CH}\left\langle\begin{matrix}\mathrm{NH_2}\\\mathrm{COOH}\end{matrix}\right. + 1/2\,\mathrm{O_2}$$

$$\rightleftarrows \mathrm{COOH{-}CH_2{-}CH_2{-}CO{-}COOH} + \mathrm{NH_3}.$$

Ces deux réactions sont catalysées par deux enzymes différentes. Leur désignation, à partir du seul substrat commun, s'avère évidemment insuffisante. C'est par le type de réaction respectivement catalysé qu'elles peuvent alors être distinguées. C'est ainsi que l'enzyme en jeu dans le premier exemple est une transaminase et celle de la deuxième réaction, une déshydrogénase (car le premier temps de la réaction est une déshydrogénation). Or, il existe d'autres transaminases et d'autres déshydrogénases. Une désignation précise nécessite donc l'indication, et du substrat, et du type de réaction chimique catalysé. Ainsi, la première enzyme devrait être dénommée glutamique-pyruvique-transaminase et la deuxième, glutamo-déshydrogénase.

Ceci illustre justement les deux aspects de la spécificité enzymatique : celle du substrat et celle de la réaction catalysée.

B) *Spécificité*

Du point de vue de la nature du substrat sur lequel elles agissent, la spécificité des enzymes offre des aspects divers. En nous limitant à des exemples dont il a déjà été question par ailleurs, nous rencontrons un cas de spécificité absolu avec la glutamo-déshydrogénase spécifique de l'acide glutamique et même exclusivement de la forme L de cet acide aminé. Une telle stéréospécificité est assez fréquente. Les phosphatases par contre, actives sur des esters variés de l'acide phosphorique, montrent une spécificité beaucoup plus large. La chymotrypsine dont nous avons déjà vu qu'elle catalyse l'hydrolyse de certaines liaisons peptidiques a, de plus, la propriété d'hydrolyser les amides et les esters de ces acides aminés. En fait, les possibilités chimiques de cette enzyme sont donc relativement larges. Comme elle est l'une des enzymes dont le mode d'action a été le plus étudié, nous reviendrons plus loin sur ses aptitudes.

De toute manière, la spécificité est un des caractères qui distinguent les enzymes des catalyseurs chimiques comme le platine, qui entrent en jeu indistinctement dans de très nombreuses réactions diverses.

C) *Classification*

Celle-ci est d'abord fondée sur les types de réaction impliqués et secondairement sur les types de substrat. C'est ainsi qu'on distingue :

a) les oxydoréductases catalysant les réactions d'oxydo-réduction;

b) *les transférases* qui assurent le transfert de tel ou tel groupe chimique (la transaminase ci-dessus est plus précisément une aminotransférase) ;

c) *les hydrolases* qui permettent des réactions d'hydrolyse, soit de liaisons esters (estérase, phosphatase, etc.), soit de la liaison peptidique (protéase, etc.) ; beaucoup sont encore couramment désignées par un nom tout à fait particulier (pepsine, trypsine, chymotrypsine, etc.) ;

d) *les lyases* qui catalysent l'enlèvement de groupes chimiques autrement que par hydrolyse (ou catalysent leur addition) (décarboxylase, etc.) ;

e) *les isomérases* qui catalysent la production d'isomères ;

f) *les ligases ou synthétases* qui permettent la liaison, l'addition de deux molécules. Dans le cas où un tel processus aboutit par additions successives à une macromolécule, l'enzyme impliquée est ordinairement appelée « polymérase ».

3) *La cinétique des réactions enzymatiques*

L'action d'une enzyme peut être évaluée par la variation de concentration subie par le substrat par unité de temps. Ceci définit en fait la vitesse de réaction. Cette vitesse, lorsqu'elle est mesurée dans les premières minutes, est dite vitesse initiale.

Dans un grand nombre de réactions chimiques non enzymatiques, du type $A + B \rightarrow AB$, la vitesse de réaction est proportionnelle aux concentrations des molécules des corps réagissant. Ainsi le doublement de la concentration de A entraîne un doublement de la vitesse de réaction (pour reprendre les termes de l'introduction de ce chapitre, on peut penser que des molécules plus nombreuses ont plus de chances d'entrer en collision).

Comment varie la vitesse d'une réaction enzymatique dans des conditions de milieu stables en fonction des concentrations de l'enzyme ou du substrat ? Nous allons l'étudier sur l'exemple représentatif de l'hydrolyse du saccharose par la saccharase — ou invertase — de la levure, en ayant à l'esprit le fait que, de toute manière, dans une réaction chimique enzymatique il y a beaucoup plus de substrat que d'enzymes.

A) *Influence de la concentration de l'enzyme sur la vitesse de réaction*

En présence de substrat abondant, si on accroît la quantité d'enzymes, on constate un accroissement proportionnel de la vitesse initiale de réaction (fig. 14).

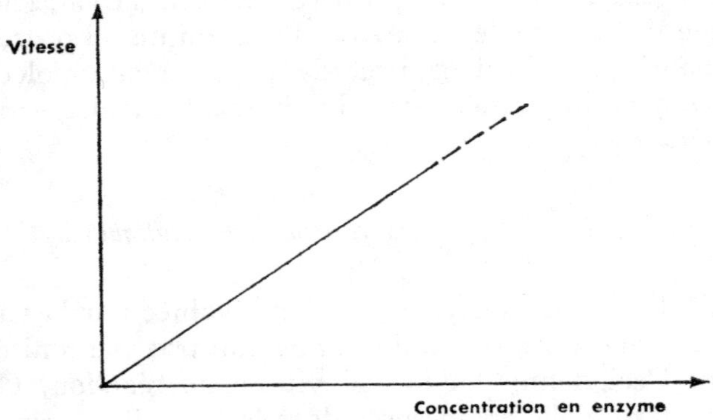

FIG. 14. — Courbe d'évolution
de la vitesse de la réaction d'hydrolyse du saccharose
en fonction de la concentration en enzyme

B) *Influence de la concentration du substrat sur la vitesse de réaction*

En présence d'une quantité définie d'enzymes, l'accroissement de la concentration en substrat se traduit d'abord par une augmentation de la vitesse de réaction (qui traduit l'augmentation des rencontres entre molécules de substrat et d'enzymes). Mais la vitesse de réaction atteint ensuite un niveau qu'elle ne dépasse pas (fig. 15). La courbe représentant le phénomène est en fait une branche d'hyperbole asymptote à l'ordonnée d'une vitesse maximale. La

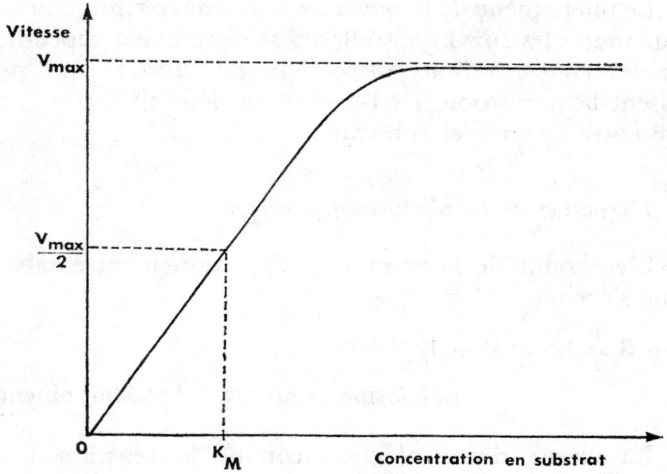

FIG. 15. — Courbe d'évolution
de la vitesse de la réaction
en fonction de la concentration en substrat

perte de la relation de proportionnalité entre la vitesse de réaction et la concentration du substrat est un fait caractéristique des réactions enzymatiques d'une très grande importance. Ce fait est en effet interprété comme résultant de la formation, entre le substrat (S) et l'enzyme (E), d'un complexe (ES) : $E + S \rightleftarrows ES$. Ce complexe est, par nature, dissociable.

Les faits ci-dessus s'expliquent alors de la façon suivante : dans la zone des faibles concentrations, une addition de molécules de substrat amène la formation de nouveaux complexes avec l'enzyme, ce qui entraîne une augmentation de la vitesse de réaction. Mais au-delà d'une certaine concentration de substrat, toutes les molécules d'enzymes disponibles se trouvent engagées dans des *complexes substrat-enzyme* et l'addition de substrat est sans effet sur la vitesse de réaction qui est alors la vitesse maximale. On dit que l'enzyme est « saturée ».

Le phénomène de la *saturation* se retrouve régulièrement pour toutes les enzymes. Celles-ci se distinguent cependant par les concentrations respectives de substrat qui produisent la saturation, c'est-à-dire, en définitive, par l'affinité entre enzyme et substrat.

C) *L'équation de la réaction enzymatique*

L'ensemble de la réaction enzymatiquement catalysée peut s'écrire ainsi :

$$E + S \underset{2}{\overset{1}{\rightleftarrows}} ES \underset{4}{\overset{3}{\rightleftarrows}} P + E$$

(E, enzyme, S substrat, P produit obtenu).

La vitesse d'une réaction comme la réaction 1 est proportionnelle au produit des concentrations [E] et [S] affecté d'un facteur de proportionnalité k_1 caractéristique de la réaction. En l'occurrence, on préfère remplacer [E] concentration en enzyme libre, d'ailleurs difficilement appréciable, par la différence entre la concentration totale du système en enzyme $[E_t]$ et la concentration en enzyme complexée au substrat [ES]. On a donc :

$$v_1 = k_1([E_t] - [ES])\,[S].$$

De même les vitesses des réactions 2 et 3 s'expriment ainsi :

$$v_2 = k_2[ES]$$
$$v_3 = k_3[ES].$$

Le système peut être dit en équilibre lorsque la formation du complexe ES est compensée par sa dissociation à la fois du fait des réactions 2 et 3 (la formation de ES à partir de P et E — réaction 4 — est très faible et considérée comme négligeable).

A ce moment $v_1 = v_2 + v_3$, c'est-à-dire :

$$k_1([E_t] - [ES])[S] = k_2[ES] + k_3[ES] = (k_2 + k_3)[ES]$$

ou
$$\frac{k_2 + k_3}{k_1} = \frac{([E_t] - [ES])\,[S]}{[ES]}.$$

La valeur de ce rapport $\frac{k_2 + k_3}{k_1} = K_M$ est dénommée *constante de Michaelis*. Il est possible, par un calcul algébrique simple, de relier la valeur de la constante de Michaelis à la courbe (fig. 18) représentant l'influence de la concentration du substrat sur la vitesse de réaction et le phénomène de saturation. Ce que nous avons appelé vitesse de réaction est, en fait, la vitesse de formation du produit P de la réaction, c'est-à-dire l'expression v_3.

L'expression de la constante de Michaelis peut être transformée de la façon suivante :

$$K_M = \frac{([E_t] - [ES])\,[S]}{[ES]} = \frac{[E_t]\,[S] - [ES]\,[S]}{[ES]} = \frac{[E_t]\,[S]}{[ES]} - [S]$$

d'où
$$K_M + [S] = \frac{[E_t]\,[S]}{[ES]}$$

et
$$[ES] = \frac{[E_t]\,[S]}{K_M + [S]}$$

Si nous reprenons la définition de $v_3 = k_3[ES]$, son expression devient :

$$v_3 = k_3\,\frac{[E_t]\,[S]}{K_M + [S]}.$$

Dans le cas des fortes concentrations en substrat, la valeur de K_M se montre négligeable par rapport à [S] et on peut n'en plus tenir compte. L'expression de la vitesse devient alors $v_3 = k_3[E_t]$.

Le produit $k_3[E_t]$ étant constant (k_3 est une constante et E_t une valeur invariable dans l'expérience), $v_3 = C_t^e$.

Ceci se traduit sur la courbe par la portion asymptotique correspondant à la vitesse maximale (V max). L'expression de v_3 peut être ainsi modifiée en tenant compte que $v_3 = k_3[E_t] = \text{V max}$:

$$v_3 = \frac{\text{V max [S]}}{K_M + [S]}.$$

Dans cette expression, un cas particulier va nous permettre de trouver un moyen simple de mesurer K_M. En effet, lorsque la vitesse est moitié de la vitesse maximale, l'expression devient :

$$1/2 \text{ V max} = \frac{\text{V max [S]}}{K_M + [S]}$$

et, après division par V max, $1/2 = \dfrac{[S]}{K_M + [S]}$

d'où : $$K_M + [S] = 2[S]$$

et : $$K_M = [S].$$

La constante de Michaelis a pour mesure la concentration en substrat lorsque la vitesse initiale de réaction est moitié de la vitesse maximale. Il est visible, d'après la courbe en hyperbole, que la concentration en substrat correspondant à la vitesse maximale n'est pas aisément définie avec précision (elle est même théoriquement infinie). Par contre, la concentration en substrat correspondant à la moitié de la vitesse maximale (V max/2) est une valeur plus facile à définir graphiquement (voir la fig. 18). Cette valeur égale à la constante de Michaelis caractérise la courbe de saturation d'une enzyme. Une constante K_M faible signifie que la demi-saturation de l'enzyme est obtenue avec relativement peu de substrat, donc que l'affinité entre substrat et enzyme est grande. Les valeurs rencontrées pour K_M sont de l'ordre de 10^{-1} M à 10^{-8} M par litre.

4) *Influence de divers facteurs sur le fonctionnement des enzymes*

A) *Influence de la température*

Si on utilise expérimentalement une enzyme à des températures faibles (un peu au-dessus de 0 °C), la vitesse de la réaction croît régulièrement en fonction de l'augmentation de température. Comme pour beaucoup de réactions chimiques, elle double environ pour un accroissement de 10 °C (facteur Q_{10}). Mais, à partir d'une température variable selon les enzymes, souvent comprise entre 40 et 60 °C, la vitesse décroît brutalement (fig. 16). Ceci

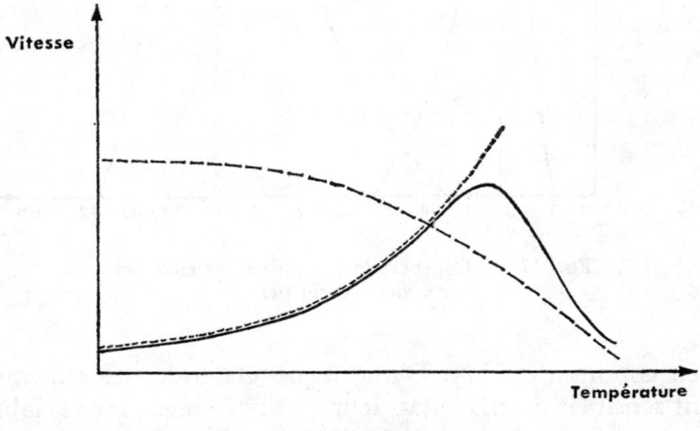

FIG. 16. — Courbes d'évolution de la vitesse d'une réaction enzymatique en fonction de la température *(en trait continu)*, de l'activation des molécules par la température *(en trais discontinus courts)*, de la dénaturation de la protéine enzymatique par la chaleur *(en traits discontinus longs)*.

résulte de la nature protéique des enzymes qui sont dénaturées par la chaleur. (Quelques enzymes résistent à des températures plus élevées et même à 100 °C, mais elles sont exceptionnelles.)

B) *Influence du pH*

Chaque enzyme possède un pH optimal d'action. Les cas de la pepsine gastrique, active en milieu très acide et de la trypsine pancréatique, active en milieu alcalin, sont

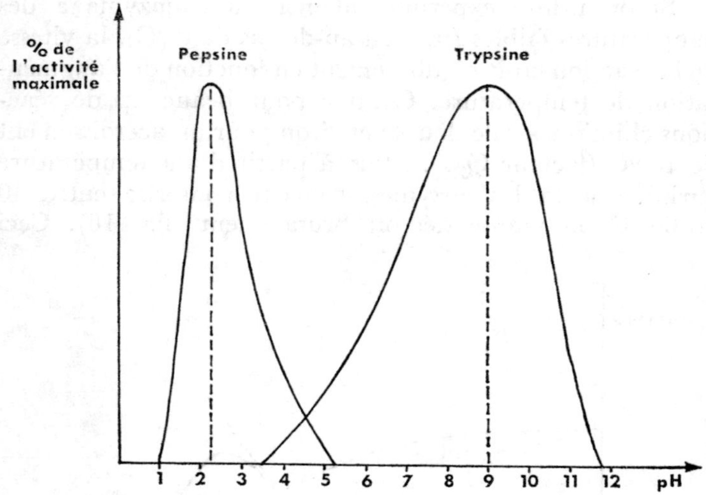

FIG. 17. — Courbes d'activité de deux enzymes en fonction du pH

bien connus (fig. 17). D'une façon générale, les enzymes sont sensibles au pH, mais leur comportement est variable (contrairement à ce que nous venons de constater dans le cas de l'action de la chaleur). C'est que la présence d'un plus ou moins grand nombre d'ions H^+ va intervenir au niveau des groupes ionisables de la molécule protéique d'enzyme (et du substrat parfois aussi). Ceci va avoir des conséquences sur la structure de la molécule et sur sa liaison au substrat. On conçoit que, selon la nature de l'enzyme, les conditions les plus favorables soient obtenues à des pH différents.

5) *Le mode d'action des enzymes*

A) *Le complexe enzyme-substrat*

Les premiers faits fondamentaux à prendre en considération sont la formation d'un complexe entre l'enzyme et le substrat et le caractère de spécificité de l'enzyme pour le substrat. La formation d'un complexe enzyme-substrat, que nous venons d'ailleurs d'admettre dans les paragraphes précédents, peut être prouvée dans quelques cas. Ainsi la catalase a, seule, une coloration brune, mais devient verte puis rouge lorsqu'elle se combine à l'eau oxygénée son substrat. Ces changements de couleurs sont effectivement observés.

a) Les caractères chimiques du complexe enzyme-substrat. — Quels sont les caractères de la liaison de l'enzyme avec son substrat ? Le calcul de la constante d'équilibre de la réaction enzymatique réversible fournit un moyen d'apprécier la nature des forces de liaison entre les corps réagissant. Nous avons vu en effet que cette constante permet à son tour de calculer la variation d'énergie libre du système. Dans le cas de la liaison enzyme-substrat, les mesures qui ont pu être réalisées montrent que les forces sont relativement faibles. Sauf exception, les liaisons doivent être des liaisons « faibles » par exemple des liaisons hydrogène. Il en résulte que le complexe enzyme-substrat est aisément réalisé et dissocié. Une même molécule d'enzyme peut ainsi se fixer successivement, en un temps court, à un très grand nombre de molécules de substrat. La molécule de catalase opère ainsi sur cinq millions de molécules du substrat par minute.

b) Les caractères morphologiques du complexe enzyme-substrat :

Les conséquences des caractères chimiques du complexe. — Les liaisons chimiques « faibles » ne se réalisent que si les corps susceptibles de se lier sont suffisamment proches. Dans le cas d'une enzyme qui est une protéine, cette condition implique une adaptation de la surface de l'enzyme à celle du substrat. C'est, bien sûr, au niveau de la structure tertiaire de la protéine enzymatique que peut se réaliser la configuration fournissant la surface adéquate complé-

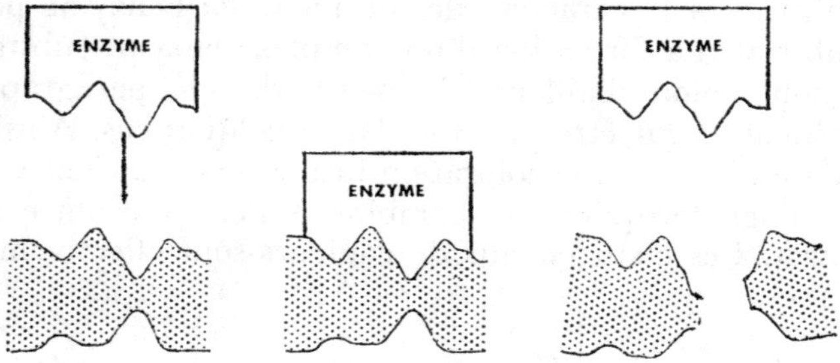

Fig. 18. — Représentation hypothétique des rapports spatiaux entre une enzyme et son substrat avant, pendant et après son action

mentaire de celle du substrat (fig. 18) (du substrat dans son ensemble s'il s'agit d'une petite molécule ou d'une région du substrat pour une macromolécule). Nous en arrivons ainsi à l'interprétation de la propriété de spécificité des enzymes. On conçoit que l'adaptation morphologique d'une molécule d'enzyme ne lui permette de se combiner qu'avec une certaine molécule de substrat ou un groupe de molécules apparentées, selon le degré de la spécificité.

Les inhibiteurs compétitifs. — Une autre conclusion vient corroborer cette interprétation de la liaison spécifique enzyme-substrat. C'est celle qui découle de l'étude de certains inhibiteurs d'enzymes dits inhibiteurs compétitifs. Un exemple classique et instructif est offert par les inhibiteurs de la succinodéshydrogénase, enzyme qui, ordinairement, catalyse la déshydrogénation de l'acide succinique en présence d'un accepteur d'hydrogène idoine (voir le chapitre sur la mitochondrie, dans le *Précis de biologie cellulaire*, coll. « Sup »). On constate expérimentalement que l'addition d'une substance comme l'acide malonique diminue la vitesse d'action de la succinodéshydrogénase sur l'acide succinique. Cette inhibition est réversible, car si on augmente à nouveau la proportion d'acide succinique dans le mélange (acide succinique + acide malonique), l'inhibition est diminuée. La constante de Michaelis augmente, en fonction de la quantité d'inhibiteurs, ce qui signifie qu'il se forme moins de complexes enzyme-substrat (fig. 15).

Cette situation s'interprète en termes de compétition des deux substances vis-à-vis de l'enzyme. L'acide malonique est capable de se lier à des molécules d'enzyme supplantant ainsi l'acide succinique. Or bien que l'acide malonique ne soit pas déshydrogéné par l'enzyme, on remarque dans sa structure une certaine parenté avec celle de l'acide succinique :

acide succinique $COOH - CH_2 - CH_2 - COOH$,
acide malonique $COOH - CH_2 - COOH$.

L'acide oxaloacétique $COOH - CH_2 - CO - COOH$ est aussi un inhibiteur compétitif de l'acide succinique. Il apparaît donc que la présence de deux groupements fonctionnels acides ionisables, à une certaine distance l'un de l'autre, constitue la caractéristique commune de tous ces substrats. Ceci doit signifier effectivement que la base de l'affinité commune entre ces substances et une même enzyme réside dans leurs configurations moléculaires comparables leur permettant une sorte de coaptation similaire avec la molécule enzymatique. Des inhibiteurs de ce type sont appelés « analogues structuraux ». D'une façon générale, ils augmentent la constante de Michaelis en fonction de leur quantité.

La dénaturation. — Nous avons déjà signalé (IV, 2) la perte de l'activité enzymatique à la suite d'un chauffage et interprété ce fait comme une conséquence de la dénaturation, de l'abolition de la structure tertiaire, donc de la forme de la molécule protéique. Au contraire, la « renaturation » de la molécule, phénomène inverse d'ailleurs difficile à obtenir, amène la reconstitution structurale de la protéine et corrélativement la reprise de l'activité enzymatique.

Les faits de cette nature viennent à l'appui de la conclusion que nous avons déjà avancée concernant l'importance de la forme de la molécule d'enzyme et son adaptation à celle du substrat (adaptation qui pourrait se parfaire lors de la liaison des deux substances).

B) *Le mécanisme de l'action enzymatique*

Le mécanisme exact de l'action enzymatique sur le plan de la réaction chimique reste encore, d'une façon générale, très mal connu. Rares sont les enzymes pour lesquelles quelques connaissances ont pu être obtenues. Cependant, grâce aux progrès très rapides faits actuellement dans l'étude de la structure des protéines et en particulier des enzymes, on peut s'attendre à voir ces connaissances augmenter bientôt considérablement. Nous porterons notre attention sur le cas de la chymotrypsine qui a été très étudié.

La *chymotrypsine* est une enzyme protéolytique originaire du pancréas exocrine comme la trypsine et, comme celle-ci, elle est élaborée sous la forme d'un précurseur, le chymotrypsinogène. Le précurseur est constitué d'une chaîne polypeptidique de deux cent quarante-cinq acides aminés. Il est transformé dans l'intestin en chymotrypsine active.

En ce qui concerne la formation du complexe spécifique enzyme-substrat, nous avons admis que l'ensemble de la protéine devait jouer un rôle en concourant à la réalisation d'une configuration particulière de la molécule enzymatique qui, dans le cas présent, est spécifique de certains chaînons des substrats protéiques.

Quant au concours de l'enzyme à la réaction chimique proprement dite, la première question posée est au contraire celle du *site actif.* A ce propos, l'étude du cas de la chymotrypsine a bénéficié du fait que la trypsine est une enzyme de même type. Leurs séquences d'acides aminés sont, pour une bonne part, semblables. Deux séquences régionales de dix et dix-huit acides aminés sont en particulier analogues d'une enzyme à l'autre. Il a paru probable que ces séquences jouaient un rôle particulièrement important dans l'activité de ces enzymes.

Il se trouve que ces dernières peuvent être inhibées par le diisopropyfluorophosphate (DFP). Ce composé s'est révélé fixé sur un résidu sérine d'une des deux séquences susceptibles d'activité (exactement en position cent quatre-vingt-quinze dans la chymotrypsine).

D'autre part, la trypsine et la chymotrypsine sont également inhibées respectivement par deux substances (la para-toluène-sulfonyl-lysine-chlorométhyl-cétone et la para-toluène-sulfonyl-phénylalanine-chlorométhyl-cétone), qui se fixent au niveau d'un résidu histidine dans l'autre séquence régionale soupçonnée d'activité (en position cinquante-sept pour la chymotrypsine). En fait, ces substances sont des analogues structuraux du substrat qui est ordinairement une chaîne protéique, attaquée par la chymotrypsine, nous le savons, au niveau d'un résidu comme la phénylalanine ou la tyrosine.

On en arrive donc à penser que ce qu'on appellera le site actif de la chymotrypsine comporte essentiellement la participation d'un résidu histidine (n° 57) et d'un résidu sérine (n° 195). Ces deux résidus sont fort éloignés dans la séquence de la chaîne polypeptidique. Cependant, l'enzyme étant cristallisable, sa structure a pu être analysée par la méthode de diffraction de rayons X. Il en résulte que l'histidine (57) et la sérine (195) sont effectivement proches

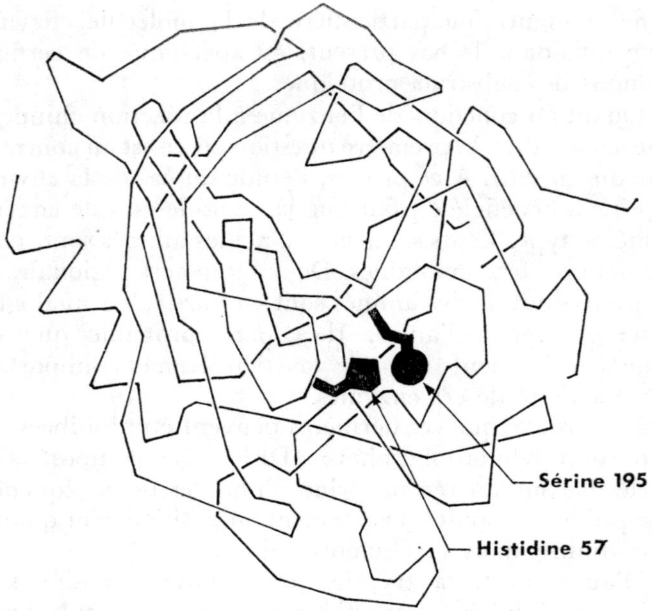

Fig. 19. — Structure tertiaire de la molécule de chymotrypsine

l'une de l'autre grâce aux replis de la structure tertiaire assumée par le polypeptide (fig. 19).

Ce sont donc les groupements chimiques de l'histidine et de la sérine qui agissent sur les atomes en jeu dans les liaisons peptidiques attaquées par la chymotrypsine. Des interprétations chimiques ont été fournies à ce sujet. De toute façon, on mesure l'importance de la structure tertiaire dans le fonctionnement d'une enzyme.

6) *Cofacteurs enzymatiques*

Certaines enzymes requièrent, dans leur fonctionnement optimal, la présence de facteurs non protéiques de nature variée.

A) *Ions métalliques*

Il s'agit parfois d'ions métalliques, comme Zn^{++}, cofacteur de l'anhydrase carbonique (enzyme abondante dans les hématies où elle catalyse la réaction très importante dans le transport du CO_2 de la respiration : $CO_2 + H_2O \rightleftarrows H_2CO_3$) et de nombreux autres ions. Un tel cofacteur est souvent appelé « *activateur* » de l'enzyme. Certains font partie des oligoéléments de la matière vivante.

B) *Coenzymes*

Dans d'autres exemples, le cofacteur est une molécule organique plus ou moins complexe dite coenzyme. Il peut s'agir d'un groupement fortement lié à la partie holoprotéique de l'enzyme et constituant donc un groupement prosthétique; c'est le cas des groupes hèmes (associés à un atome de fer) existant dans la catalase en une situation qui rappelle celle de l'hémoglobine. Par contre, dans beaucoup de cas, les coenzymes peuvent être séparées de la partie protéique par simple dialyse et montrent donc une relative indépendance. Diverses réactions que nous avons déjà signalées nécessitent la présence d'une coenzyme. Ainsi dans la transamination glutamique-pyruvique, la transaminase requiert une coenzyme qui est le phosphate de pyridoxal, substance dérivée de la vitamine B_6. Le phosphate de pyridoxal joue un rôle important au cours de la réaction en réalisant une combinaison transitoire : il fixe un groupement aminé emprunté à l'acide glutamique avant de le céder à l'acide pyruvique. Cette substance sert également de coenzyme, non seulement dans d'autres réactions de transamination, mais dans des réactions de nature toute différente comme la décarboxylation de divers acides aminés :

$$(R - CH\begin{smallmatrix} COOH \\ NH_2 \end{smallmatrix} \rightarrow R - CH_2 - NH_2 + CO_2)$$

par les décarboxylases des bactéries intestinales. La spécificité d'une action enzymatique est donc liée, non au cofacteur (ion métallique ou coenzyme), mais à la partie protéique de l'enzyme, dite *apoenzyme*.

D'autres coenzymes sont aussi des vitamines, en particulier du groupe B. Ainsi, le pyrophosphate de thiamine ou vitamine B_1 est une coenzyme de décarboxylases d'acides α cétoniques comme l'acide pyruvique :

$$(CH_3 — CO — COOH).$$

Il en existe d'autres exemples. La carence en de telles vitamines entraîne, pour un organisme incapable de les synthétiser, l'incapacité à réaliser certaines réactions chimiques. On s'explique mieux les troubles parfois très graves que déclenchent les avitaminoses.

Les coenzymes sont souvent plus qu'un simple activateur. Comme dans l'exemple de la transamination, elles peuvent fixer et transférer des groupements chimiques, de l'hydrogène ou des électrons. Nous aurons l'occasion de voir le rôle de plusieurs de ces transporteurs.

7) *Conclusion*

Il n'est pas nécessaire de revenir sur les divers caractères des enzymes (nature chimique, spécificité, etc.) que nous avons soulignés au cours de ce sous-chapitre. Cependant, nous insisterons sur l'extraordinaire efficacité des enzymes. Pour reprendre un exemple qui nous a déjà servi, celui de la catalase qui facilite la décomposition de l'eau oxygénée, produit toxique, nous avons signalé qu'une molécule de cette enzyme « traite » cinq millions de molécules de H_2O_2 par minute. Un atome de fer isolé permet la même opération, mais il lui faudrait dix-huit mille ans pour parvenir au même résultat. Cette efficacité est directement liée à la propriété fondamentale des enzymes d'abaissement de l'énergie d'activation.

III. Conclusion générale

En résumé, des réactions biologiques mettant en cause des liaisons covalentes se font spontanément ou non (dans un sens thermodynamique) selon qu'elles sont exergoniques ou endergoniques. Dans le deuxième cas, une fourniture d'énergie est indispensable. De toute façon, dans un cas comme dans l'autre, une enzyme est nécessaire. Ainsi, pour reprendre l'exemple du début de ce chapitre, l'hydrolyse d'une protéine (exergonique) requiert l'action d'une enzyme (trypsine ou autre) et la synthèse d'un peptide (endergonique) nécessite de l'énergie et une enzyme (une peptidyl-transférase).

CHAPITRE V

Les acides nucléiques et quelques composés apparentés

Cette catégorie de substances doit sa qualification à Miescher qui, il y a déjà un siècle, découvrit dans une fraction de matière vivante réduite aux noyaux cellulaires des composés organiques azotés d'une teneur en phosphore (environ 10 %) caractéristique. Cet auteur entrevit, d'une façon d'ailleurs prophétique, l'importance capitale de ces composés en biologie.

On distingue maintenant deux grands types d'acides nucléiques, l'*acide désoxyribonucléique ou ADN* et l'*acide ribonucléique ou ARN*. Si le premier est en effet principalement localisé dans le noyau cellulaire, par contre, on trouve des ARN tant dans le cytoplasme que dans le noyau. Le qualificatif de « nucléique » n'est donc pas du tout à prendre dans son sens originel.

L'extraction des acides nucléiques de la matière vivante est une opération délicate. C'est en effet parmi les acides nucléiques du type ADN que se trouvent les plus grandes molécules biologiques. Ces macromolécules sont souvent fragmentées au cours des manipulations d'extraction. Il est donc difficile d'obtenir un acide nucléique intact et, par exemple, d'évaluer sa masse. Par contre, la fragmentation (en fait l'hydrolyse de ces macromolécules par voie chimique ou, mieux, par des enzymes spécifiques ADNase ou ARNase) et la séparation des produits obtenus (par chromatographie) permettent de recueillir des renseignements sur leur structure.

Les acides nucléiques se présentent en effet comme des *polymères* d'unités de différentes espèces (les monomères ou nucléotides). Nous étudierons la nature des nucléotides et la structure des molécules dans le cas des deux grands types d'acides nucléiques.

I. L'ADN

1) *Les monomères constitutifs*

Un ADN comporte quatre espèces de *nucléotides*, chacun étant donc présent un grand nombre de fois dans une macromolécule. L'action d'une enzyme sur un nucléotide, en l'occurrence une nucléotidase, catalyse le détachement d'une molécule d'acide phosphorique d'un résidu dit nucléoside. Des enzymes d'un autre type, les nucléosidases, séparent deux constituants dans un nucléoside, un sucre (glucide simple) et une base organique azotée. Chaque nucléotide est donc un composé assez complexe constitué par l'union de trois molécules très différentes : de l'*acide phosphorique*, un *sucre* et une *base organique*.

A) *Le sucre*

Dans chaque nucléotide, c'est le D-désoxyribose (ou D-d-ribose, avec « d » pour « désoxy ») dont la molécule, de forme cyclique, porte deux fonctions alcool secondaires

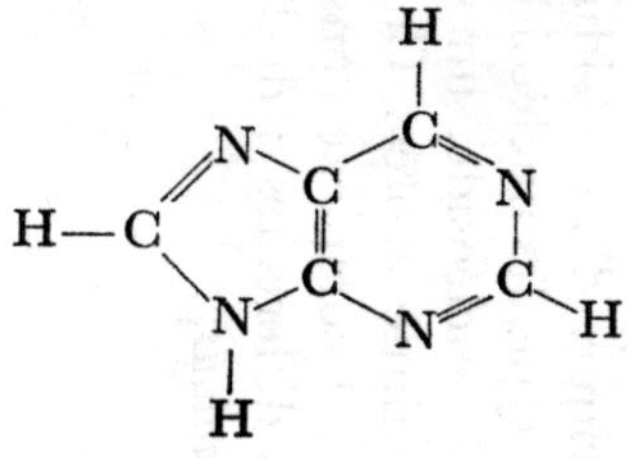

Purine

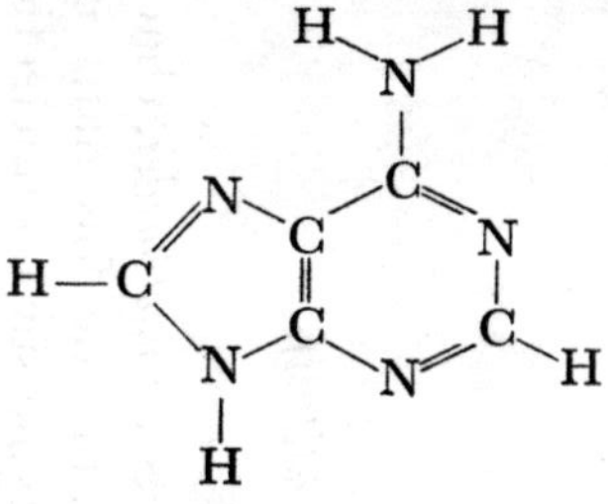

Adénine (A)

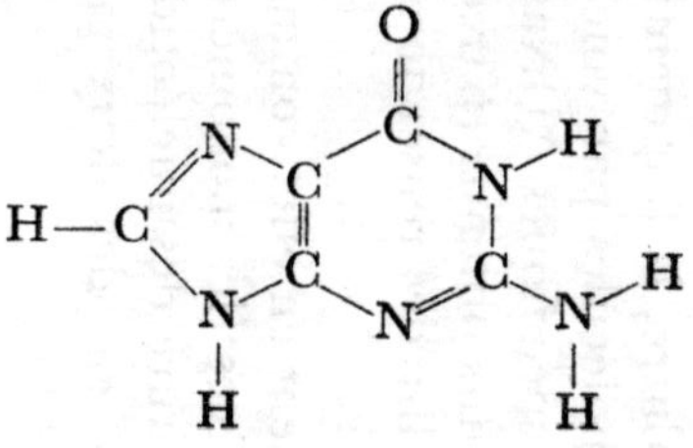

Guanine (G)

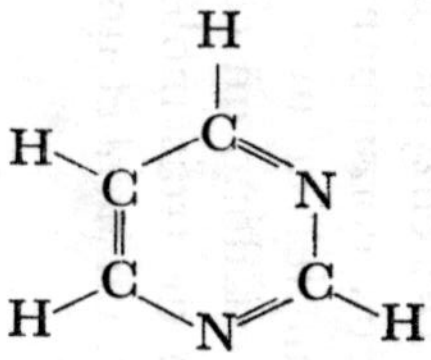

Pyrimidine

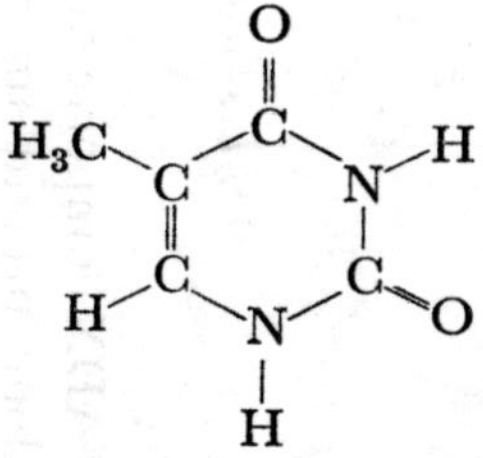

Thymine (T)

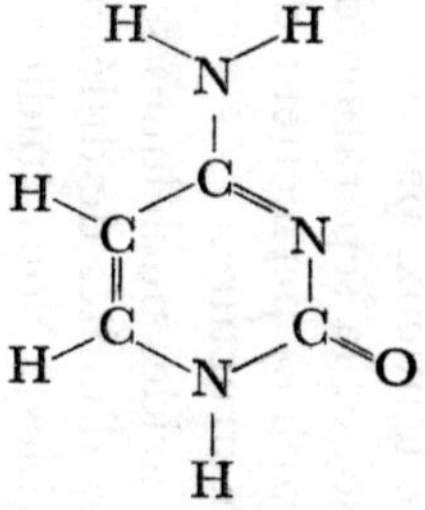

Cytosine (C)

et une fonction alcool primaire. (L'étude des sucres simples est détaillée plus loin dans le chapitre des glucides.)

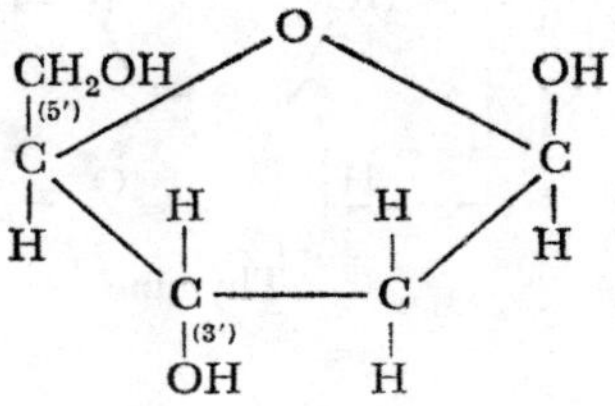

B) *Les bases azotées*

Elles sont de quatre types possibles. Deux sont des bases dites *pyrimidiques*, *la thymine et la cytosine*, dont la molécule dérive de celle de la pyrimidine; deux sont des bases dites *puriques*, *l'adénine et la guanine*, dont la molécule dérive de celle de la purine plus complexe que celle de la pyrimidine.

Un nucléotide d'un ADN comporte donc une molécule d'acide phosphorique et une molécule de désoxyribose communes et l'une des quatre bases organiques ci-dessus. C'est la nature de la base qui définit la nature et la dénomination du nucléotide (voir page ci-contre).

Comment sont combinées entre elles les trois molécules constitutives d'un nucléotide ?

C) *Les nucléosides*

Le sucre et la base organique qui, ensemble, constituent un nucléoside sont unis par une liaison dite N-*glycosidique*. Celle-ci résulte de l'élimination d'une molécule d'eau entre un groupement alcool secondaire du sucre et un groupement — NH de la base (par exemple avec la thymine) (voir page suivante).

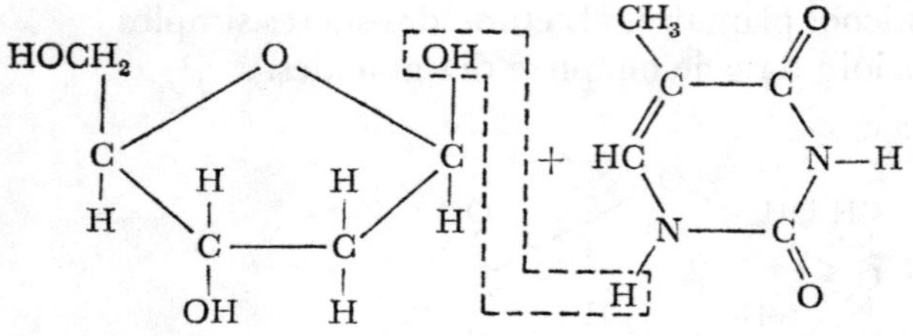

Thymine

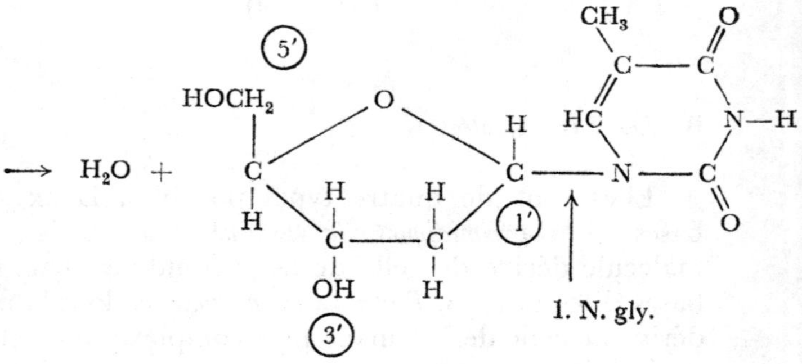

Thymidine

Il existe donc quatre espèces de désoxyribonucléosides respectivement dénommées, selon la base :

— désoxyribothymidine;
— désoxyribocytidine;
— désoxyriboadénosine;
— désoxyriboguanosine.

D) *Les nucléotides*

Dans la molécule de sucre, le carbone engagé dans la liaison N-glycosidique est, par convention, désigné comme le numéro 1 et les autres sont numérotés dans l'ordre de la chaîne carbonée (en pratique ils sont désignés 1′, 2′, etc., ce qui évite ici une confusion avec les atomes de carbone de la base déjà numérotés 1, 2, etc.). Les fonctions alcool en 3′ et 5′ d'un désoxyribose sont susceptibles d'être estérifiées par l'acide phosphorique. L'estérification d'un nucléoside par une molécule d'acide phosphorique donne un nucléotide. Il en existe évidemment autant de types que de nucléosides. Un nucléoside (par exemple la désoxythymidine) où l'estérification du sucre est réalisée au niveau du carbone 3′ ou au niveau du carbone 5′ sera donc désigné :

— soit *désoxythymidine 3′-monophosphate*;
— soit *désoxythymidine 5′-monophosphate.*

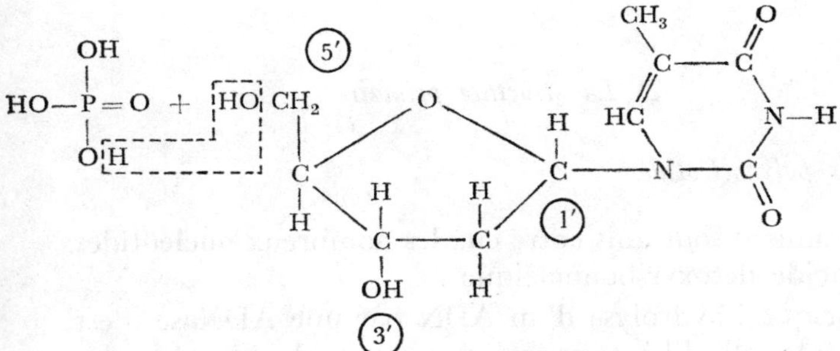

Thymidine

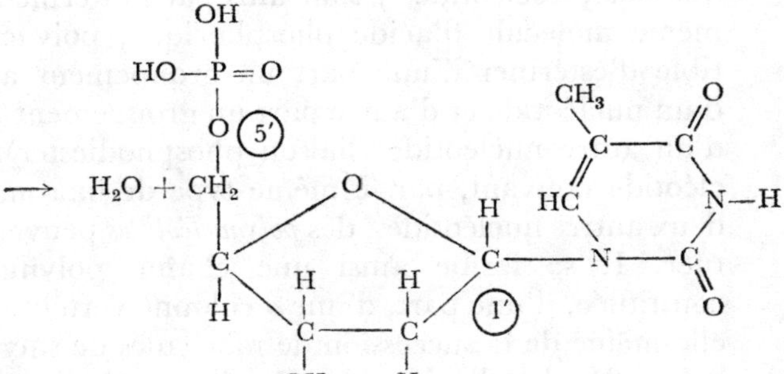

Thymidine
5′-monophosphate

C'est sous cette dernière forme qu'on obtient ordinairement les produits de dégradation des ADN. Ceux-ci sont donc, outre le précédent :

— le désoxyribocytidine monophosphate ou d-CMP;
— le désoxyriboadénosine monophosphate ou d-AMP,
— et le désoxyriboguanosine monophosphate ou d-GMP.

De plus ces nucléotides existent *in vivo* sous forme libre. Ils conservent évidemment un fort caractère acide. (Ils sont parfois désignés sous les noms d'acide désoxythymidylique, désoxyadénylique, etc.)

2) *La structure primaire*

A) *Les polynucléotides*

Comment sont unis entre eux les nombreux nucléotides d'un acide désoxyribonucléique ?

Lorsque l'hydrolyse d'un ADN par une ADNase n'est pas totale, elle libère, à côté de nucléotides simples, des dinucléotides. L'étude chimique de ceux-ci montre alors que deux nucléotides y sont unis par l'intermédiaire d'une même molécule d'acide phosphorique, polyacide susceptible d'estérifier d'une part un groupement alcool en 5′ d'un nucléotide et d'autre part un groupement alcool en 3′ d'un autre nucléotide (liaison phosphodiester). Un dinucléotide pouvant, par le même type de liaison, être uni à deux autres nucléotides, des *polynucléotides* peuvent se constituer. Il se forme ainsi une chaîne polynucléotidique constituée, d'une part, d'une « colonne vertébrale » formée elle-même de la succession de molécules de sucres liées par des molécules d'acide phosphorique, et, d'autre part, de bases organiques portées latéralement par le sucre. Il y a nécessairement un carbone 5′ libre à une extrémité de la chaîne et un carbone 3′ libre à l'autre extrémité :

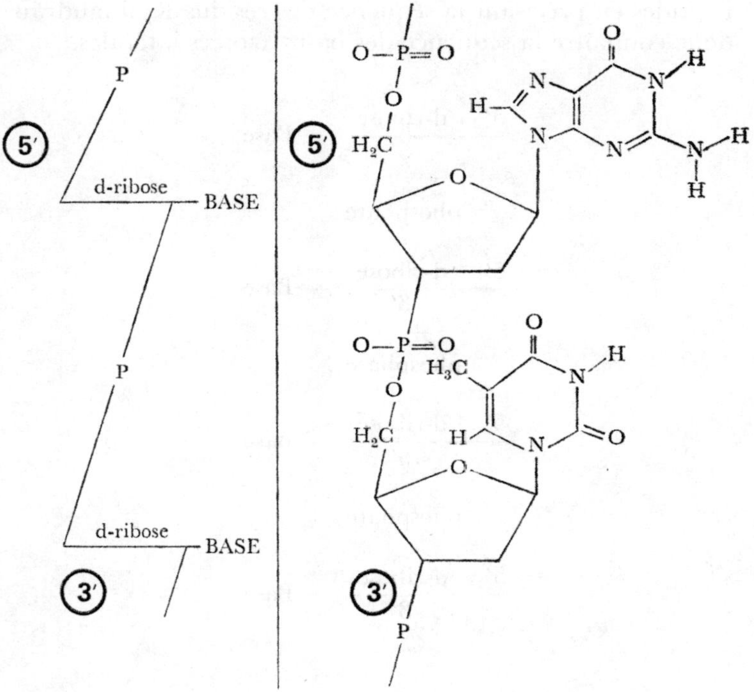

En dehors de leur longueur totale, c'est par le nombre et la répartition des différentes bases que des molécules polynucléotidiques diffèrent entre elles.

Une comparaison avec la structure des chaînes polypeptidiques s'impose à nous. D'une façon purement abstraite, la « colonne vertébrale » polydésoxyribose-phosphate 3′-5′ de l'ADN correspond à la succession des motifs — $\overset{|}{\underset{|}{C}}$ — CO — NH — de la chaîne protéique, et les bases organiques correspondent aux résidus aminoacides R. Pour bien connaître la structure d'une chaîne polynucléotidique comme on est arrivé à connaître celle des polypeptides en précisant la séquence des résidus R, il faudrait donc connaître la séquence des bases azotées latérales.

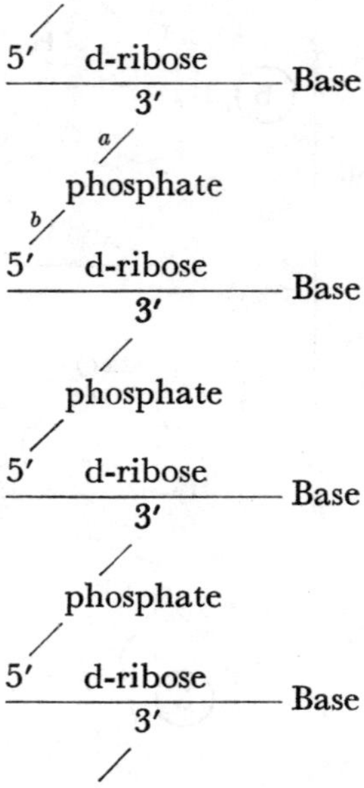

B) *Le problème de la séquence des bases azotées*

En fait, le problème est beaucoup plus difficile encore à résoudre que pour les protéines. Pour ces dernières en effet, le principe appliqué consiste à fragmenter la chaîne avec différentes enzymes l'attaquant spécifiquement au niveau de certains résidus R et à analyser chaque fragment. Les chevauchements entre les divers fragments obtenus par des enzymes différentes permettent de reconstituer une séquence complète. Pour l'ADN, on dispose bien d'enzymes (les ADNases) attaquant la liaison ester (soit en *a*, soit en *b*, voir schéma précédent). Mais, comme au lieu de la vingtaine de résidus R différents d'une protéine, il n'y a que quatre bases différentes dans un ADN, les fragments ont beaucoup moins de chances d'être bien distincts les uns des autres et de se prêter à la reconstitution d'une séquence comme dans le cas des protéines.

Il reste que la spécificité de chaque ADN réside finalement dans cette séquence de bases. La diversité des séquences possibles est extrêmement grande; on en prendra la mesure en sachant que pour une chaîne de *n* nucléotides, chacun d'entre eux pouvant comporter l'une des quatre bases, il y a 4^n séquences possibles. (Si $n = 10$, il y a donc $4^{10} = 1\,048\,576$ séquences possibles; or les chaînes d'ADN comptent infiniment plus de nucléotides, plusieurs centaines, des milliers, voire des millions.)

C) *La répartition quantitative des bases azotées*

Si la séquence précise des nucléotides d'un ADN est très difficile à analyser directement, on dispose de données intéressantes sur le taux global de chacune des bases dans des ADN issus d'organismes différents (tableau 7).

TABLEAU 7

Espèces	*Bases azotées en moles %* *A*	*G*	*T*	*C*	$\frac{A}{T}$	$\frac{G}{C}$	$\frac{A+T}{G+C}$
Homme	31	20	29	20	1,06	1	1,5
Levure	31,5	18,5	33	17	0,92	1,08	1,8
Escherichia coli (bactérie)	25	26	25	24	1	1,07	1

Les dosages révèlent que les quantités relatives des bases sont variables d'un ADN à l'autre. Mais des corrélations apparaissent. S'il y a peu d'adénine, il y a aussi peu de thymine; on trouve même des nombres équivalents de molécules de ces deux bases (A/T = 1). Il en est de même pour la guanine et la cytosine (G/C = 1). Bien entendu, il reste que la somme des molécules d'adénine et de thymine, d'une part, celle des molécules de guanine et de cytosine, d'autre part, sont variables selon les ADN analysés (A + T/G + C est caractéristique d'un ADN). Ce dernier rapport montre que les ADN diffèrent entre eux, sur un plan quantitatif global, par leur plus ou moins grande richesse en A + T ou en G + C.

Ces caractéristiques sont à première vue énigmatiques. Elles peuvent être comprises dans le cadre de la structure secondaire de l'ADN.

3) *La structure secondaire*

A) *Les caractères physico-chimiques de l'ADN*

L'idée selon laquelle les chaînes polynucléotidiques des ADN ont une conformation particulière repose sur divers faits dont le premier est justement l'équivalence régulière entre les nombres de certaines bases, par exemple A et T, mais pas A et C. Ceci doit résulter d'une structure spéciale permettant certaines équivalences et pas d'autres. D'autre part, les mesures de viscosité des solutions d'ADN dans diverses conditions ont fourni les renseignements suivants. Un ADN « natif », c'est-à-dire considéré comme non altéré par les manipulations et conforme à son état physiologique normal, montre une viscosité qui semble incompatible avec sa présence sous forme d'une chaîne simple. De plus, cette viscosité est modifiée par chauffage. Comme dans ce dernier cas, les liaisons phosphodiesters ne sont pas rompues (c'est-à-dire la structure primaire n'est pas atteinte), on peut penser que c'est une organisation structurale (secondaire) qui est modifiée. Cependant, comme pour les protéines, c'est essentiellement l'étude par la méthode de diffraction de rayons X qui a permis l'interprétation de cette structure secondaire. Appliquée aux fibres polynucléotidiques, elle révèle l'existence d'une périodicité structurale de 3,4 Å et d'une périodicité d'ordre supérieur de 34 Å. Les connaissances sur la structure des macromolécules fibreuses acquises par l'étude des protéines du type de la kératine, particulièrement la présentation en hélice-α, permirent à Watson et Crick de proposer en 1953 un modèle également de type hélicoïdal pour la molécule d'ADN (fig. 20).

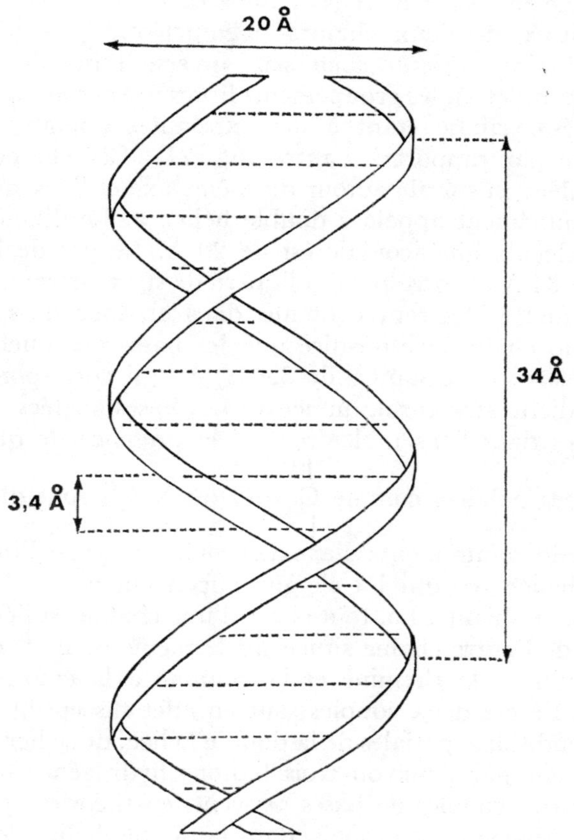

Fig. 20. — Modèle de la molécule d'ADN en double hélice

B) *La double hélice*

Ce modèle tient compte des périodes structurales et autres indications fournies par les diagrammes de diffraction de rayons X, des dimensions calculées des molécules des bases puriques et pyrimidiques et des équivalences en nombre de bases A et T d'une part, G et C d'autre part.

Une molécule d'ADN d'après ce modèle (fig. 20) est constituée de deux chaînes polynucléotidiques (elle est bicaténaire), orientées en sens inverse l'une de l'autre (antiparallèles), les groupements libres des carbones 3′ et 5′ du désoxyribose étant à des extrémités opposées d'une chaîne par rapport à l'autre (fig. 21). Ces chaînes sont enroulées en spirale autour du même axe et l'ensemble est communément appelé « double hélice ». Le diamètre de la molécule bihélicoïdale est de 20 Å. Le pas de l'hélice est de 34 Å et correspond à la période structurale majeure. Dix nucléotides sont contenus dans un tour de spire de chaque chaîne, c'est-à-dire que les bases des nucléotides successifs sont distantes de 3,4 Å, ce qui correspond à la périodicité structurale mineure. Les bases azotées, hydrophobes dans l'ensemble (malgré la présence de quelques groupes polaires comme $\overset{|}{\underset{|}{C}} = O$ ou NH_2), sont disposées perpendiculairement à l'axe d'enroulement, vers l'intérieur de l'hélice (ce qui les éloigne effectivement de l'eau du milieu ambiant). Là, toute base d'une chaîne est liée à une base de l'autre chaîne située sur le même plan et toujours l'adénine à la thymine et la guanine à la cytosine. Les bases de ces deux couples sont en effet susceptibles, dans les conditions spatiales de la double hélice, de se lier respectivement par deux ou trois liaisons hydrogène (fig. 21). (D'autres couples de bases peuvent, en théorie, se former par le même moyen, mais, dans la double hélice, les bases impliquées seraient en fait trop éloignées — comme C et T

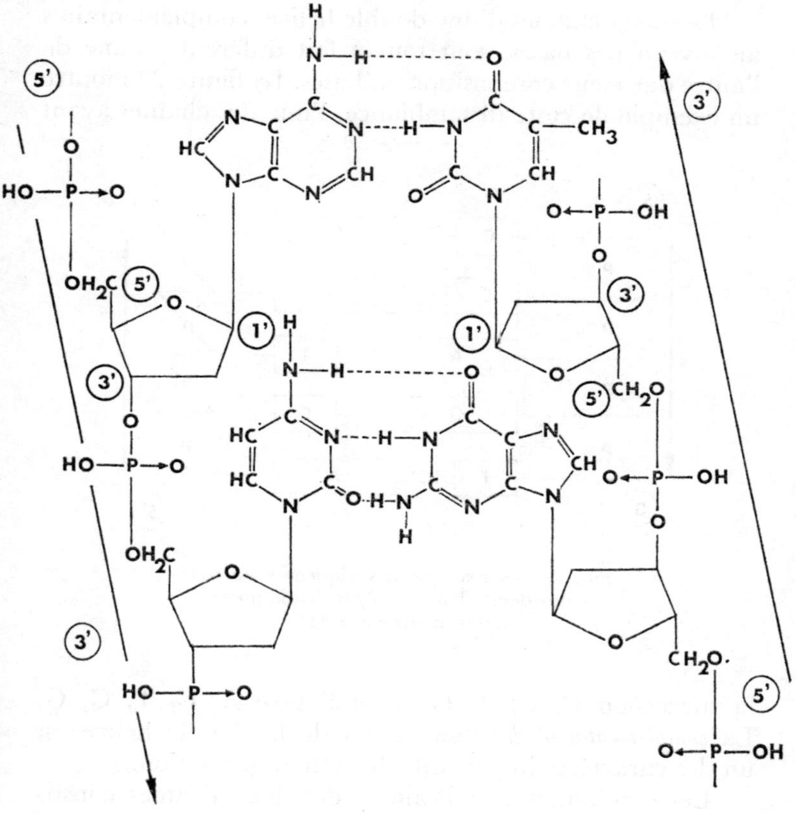

FIG. 21. — Dispositions respectives des deux chaînes polynucléotidiques antiparallèles d'une molécule d'ADN. Les liaisons hydrogène, en traits discontinus, sont au nombre de deux entre l'adénine et la thymine, de trois entre la guanine et la cytosine.

par exemple — ou au contraire trop volumineuses. De toute façon, les liaisons obtenues seraient plus fragiles.) La liaison de deux chaînes nucléotidiques est donc réalisée par le plus grand nombre possible de liaisons hydrogène les plus efficaces.

Les deux chaînes d'une double hélice, complémentaires au niveau des bases, sont tout à fait différentes l'une de l'autre dans leur composition en bases. La figure 22 montre un exemple de cette dissemblance, l'une des chaînes ayant

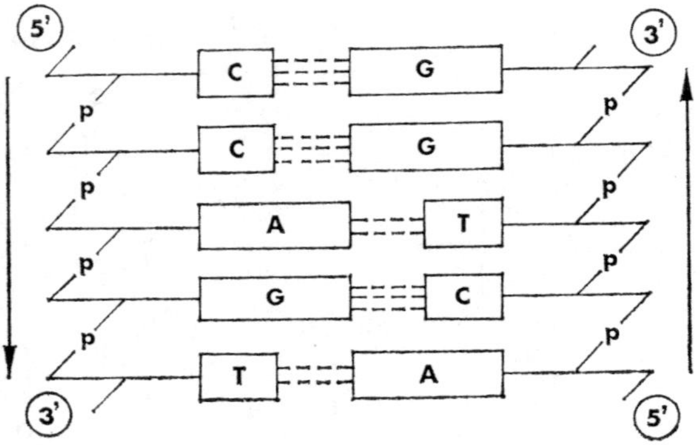

FIG. 22. — Exemple des séquences de base des deux chaînes polynucléotidiques d'une molécule d'ADN

la succession C, C, A, G, T et l'autre A, C, T, G, G. La *complémentarité des deux chaînes* de la double hélice est un des caractères importants de cette organisation.

Les « colonnes vertébrales » des deux chaînes constituées par les molécules de sucres liées par des groupes phosphates, hydrophiles dans leur ensemble et situées à la périphérie de l'hélice, entrent en liaison avec des molécules d'eau.

C) *La dénaturation*

Nous avons signalé qu'un chauffage (aux alentours de 100 °C) entraîne une modification, en fait une diminution, de la viscosité d'une solution d'ADN. Si on refroidit brusquement la solution, on constate que la substance en solution a des propriétés physico-chimiques (viscosité réduite, masse moléculaire diminuée de moitié) et biologiques modifiées. Des conséquences comparables peuvent être obtenues par des changements de pH, l'addition d'urée, etc. Or ces facteurs sont ceux qui déterminent la dénaturation des protéines. Comme ces dernières, l'ADN peut donc être dénaturé par suite de la rupture des liaisons hydrogène intramoléculaires, ici entre les bases azotées. Les bases G et C étant liées par trois ponts hydrogène et les bases A et T par deux, on comprend qu'un ADN riche en G et C soit plus difficilement dénaturé qu'un ADN riche en A et T. Une double hélice, après dénaturation, se résout en deux chaînes polynucléotidiques (dites monocaténaires) dont la rigidité (et la viscosité en solution) est beaucoup moins grande que celle de la double hélice. La dénaturation nécessite un désenroulement des deux chaînes l'une par rapport à l'autre (fig. 23). Si, après chauffage, une solution d'ADN dénaturé est refroidie, non pas brusquement, mais lentement, les propriétés de la solution montrent que les chaînes polynucléotidiques se sont plus ou moins complètement à nouveau enroulées en double spirale. Cette conformation est donc la plus stable thermodynamiquement. Bien entendu, le phénomène est plus rapide si la dénaturation préalable n'a pas été totale. Il n'est réalisable de façon satisfaisante qu'entre polynucléotides monocaténaires issus de l'ADN d'un même organisme. La réassociation des deux chaînes nécessite en effet une complémentarité stricte. Des chaînes provenant d'ADN d'organismes différents ne se réassocient pas convenablement; la cause en est que le nombre et la séquence de leurs bases azotées sont différents, c'est-à-dire que, à ce point de vue, chaque ADN est spécifique. Dans le cas où des chaînes provenant d'organismes différents se réassocient d'une façon notable, c'est l'indice d'une parenté entre ces organismes.

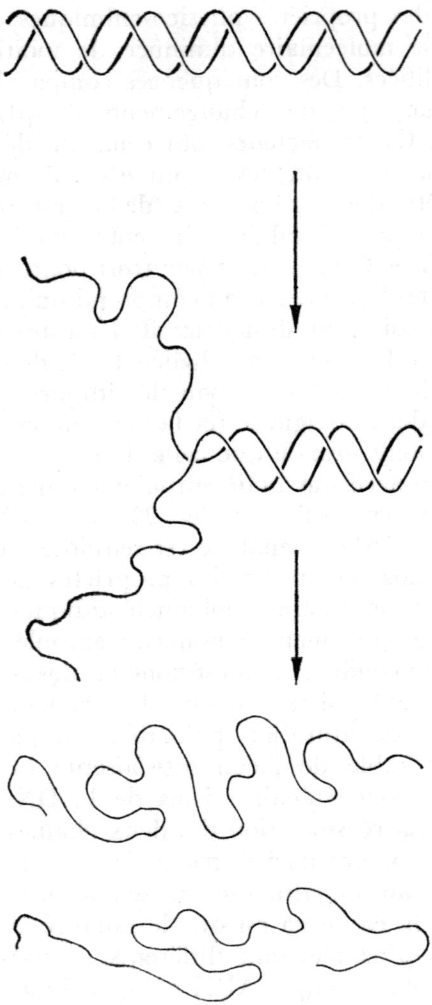

Fig. 23. — Schéma de la dénaturation d'une molécule d'ADN

II. L'ARN

1) *Les monomères constitutifs*

Les nucléotides d'un ARN résultent, comme ceux d'un ADN, de la combinaison d'une molécule d'acide phosphorique, d'un sucre et d'une base azotée. Ils en diffèrent toujours par la nature du sucre et en partie par celle des bases azotées.

A) *Le sucre*

C'est le D-ribose, voisin du D-désoxyribose mais, au contraire de ce dernier, possédant un groupement alcool secondaire sur le carbone 2'.

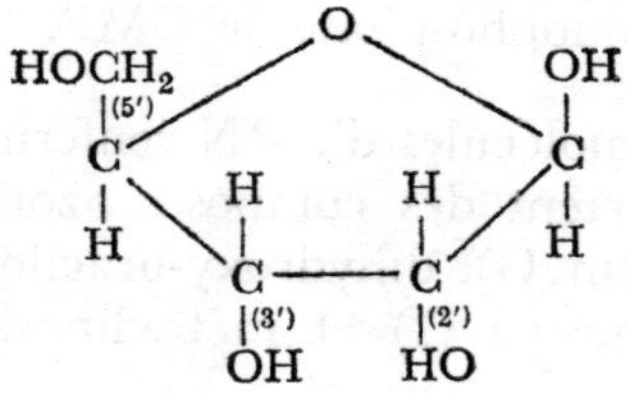

D-ribose

B) *Les bases azotées*

Elles sont principalement de quatre types possibles, à savoir deux bases puriques, adénine et guanine et deux bases pyrimidiques, la cytosine et — différence presque générale avec le cas de l'ADN — non pas la thymine mais l'uracile.

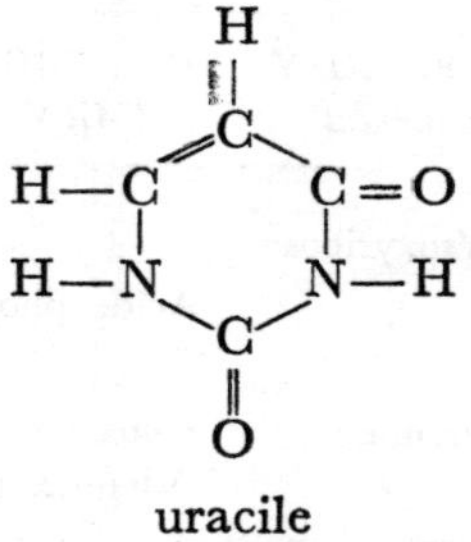

uracile

C) *Les nucléosides*

De structure chimique comparable à ceux de l'ADN, ils sont dénommés adénosine, guanosine, cytidine et uridine.

D) *Les nucléotides*

Les quatre espèces principales de ribonucléotides dont la structure chimique est semblable à celle des nucléotides d'ADN sont donc les suivantes :

— uridine 5'-monophosphate ou UMP ou acide uridylique;
— adénosine 5'-monophosphate ou AMP;
— guanosine 5'-monophosphate ou GMP, et :
— cytosine 5'-monophosphate ou CMP.

Il existe des molécules d'ARN renfermant des nucléotides qui comportent des composés azotés particuliers : méthyl-guanine (m.G), dihydroxy-uracile (d.h.U), pseudouracile (ψ), inosine (I) et méthylinosine (me.I), etc.

E) *Comparaison chimique entre l'ARN et l'ADN*

En ce qui concerne la structure chimique, les parentés et différences chimiques entre l'ADN et l'ARN peuvent être résumées de la façon synoptique suivante :

TABLEAU 8

Composants des nucléotides	*Dans l'ADN uniquement*	*Dans l'ADN et l'ARN*	*Dans l'ARN uniquement*
Sucre	Désoxyribose		Ribose
Acide phosphorique		Acide phosphorique	
Bases azotées :			
Pyrimidiques	Thymine	Cytosine	Uracile
Puriques		Adénine, guanine	

La thymine et l'uracile sont respectivement spécifiques de l'ADN et de l'ARN. Dans les expériences de marquage radioactif, l'incorporation de thymidine tritiée ou d'uridine tritiée caractérise respectivement la synthèse d'ADN ou d'ARN.

2) *Structure primaire*

Un ARN est un polymère de ribonucléotides enchaînés, de la même façon que les désoxyribonucléotides dans l'ADN, par des liaisons phosphodiesters 3′-5′. La matière vivante renferme divers types d'ARN qui peuvent être séparés par l'ultracentrifugation. Leurs coefficients de sédi-

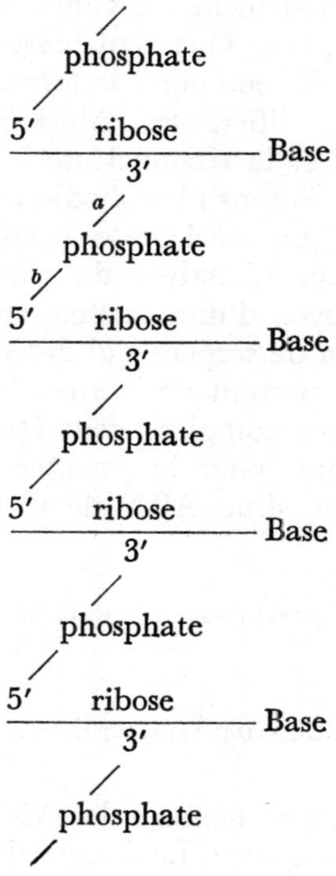

mentation sont en effet très dissemblables et correspondent évidemment à des masses moléculaires différentes (de 23 000 à plus d'un million), donc à des nombres de nucléotides enchaînés différents (de 75 pour les ARN les plus courts à plus de 3 000 pour les plus longs). Le problème de la connaissance de la séquence des bases d'un ARN se pose comme pour les ADN. Il a été résolu dans quelques cas d'ARN parmi les plus petits comme les ARN dits « de transfert » (car ils ont la propriété de pouvoir fixer chacun un type d'acide aminé). Il se trouve que ce type d'ARN comporte parmi les soixante-quinze à quatre-vingt-dix nucléotides qui les constituent, un certain nombre des bases particulières signalées ci-dessus. Il en résulte que la fragmentation de leur chaîne libère des tronçons susceptibles d'être plus facilement individualisés que si seules les quatre bases A, U, G et C étaient présentes. La technique d'analyse séquentielle comporte la formation de fragments par deux enzymes différentes. Ainsi la ribonucléase de pancréas de bœuf et la ribonucléase T_1 d'une moisissure attaquent en *b* les liaisons phosphodiesters rattachées en *a*, respectivement, à un nucléotide pyrimidique ou à un nucléotide purique. L'analyse de chaque fragment est réalisée par le moyen d'une enzyme comme la phosphodiestérase de venin de serpent qui détache successivement les nucléotides en partant de l'extrémité 3′ libre. Finalement, une séquence complète peut être reconstituée. Ce résultat a été acquis pour la première fois en 1965 par Holley, dans le cas d'un ARN de transfert de l'alanine d'une levure.

5′-G-G-G-C-G-U-G-U-m.G-G-C-G-C-G-U-A-G-d.h.U-C-G-G-d.h.U-A-G-C-G-C-m.G-C-U-C-C-C-U
U
I
G
C
3′-A-C-C-A-C-C-U-G-C-U-C-A-G-G-C-C-U-U-A-G-C-Ψ-T-G-G-C-C-U-C-U-G-A-G-A-G-G-G-Ψ-m.I

Pour le plus grand nombre des ARN, la séquence des bases n'est pas déterminée. Le dosage global des différentes bases a cependant apporté un fait important : si la composition est variable, on ne retrouve généralement pas d'équivalence entre les nombres des bases prises deux à deux en particulier entre A et U (par contre une équivalence entre G et C peut se trouver).

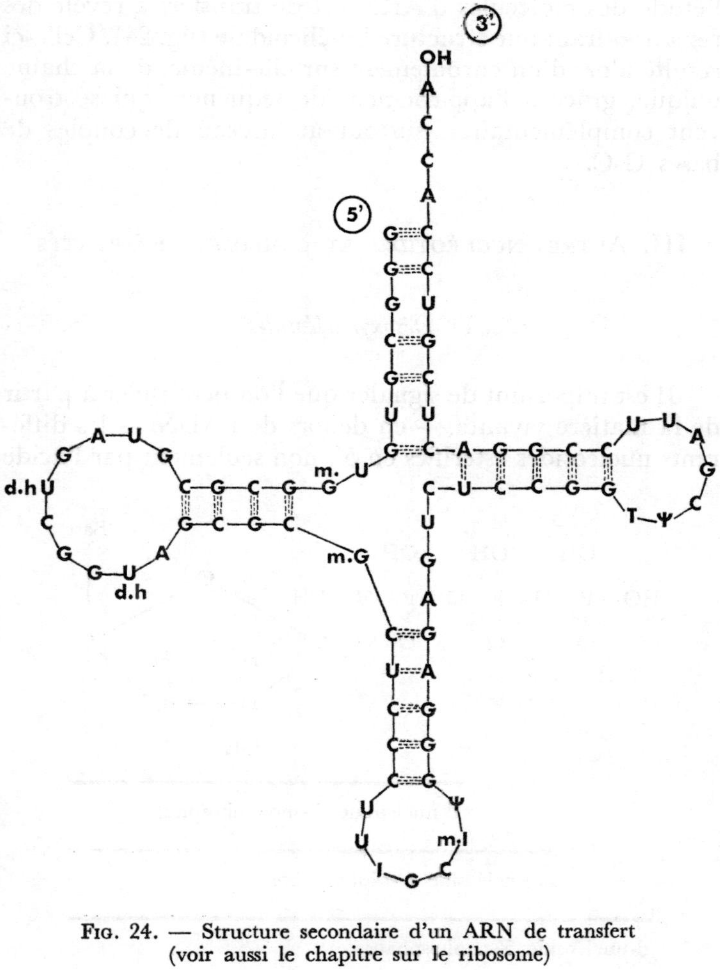

FIG. 24. — Structure secondaire d'un ARN de transfert (voir aussi le chapitre sur le ribosome)

3) *Structure secondaire*

Les chaînes de polynucléotides ne sont pas associées par deux en double hélice comme dans le cas de l'ADN. Les ARN sont fondamentalement monocaténaires. Cependant l'étude des molécules d'ARN dit de transfert a révélé des régions offrant une structure bihélicoïdale (fig. 24). Celle-ci résulte alors d'un enroulement sur elle-même, de la chaîne unique, grâce à l'appariement de séquences qui se trouvent complémentaires, surtout au niveau de couples de bases G-C.

III. Autres nucléotides et composés apparentés

1) *Désoxynucléotides*

Il est important de signaler que l'on peut isoler à partir de la matière vivante — en dehors de l'ADN — les différents nucléosides estérifiés en 5', non seulement par l'acide

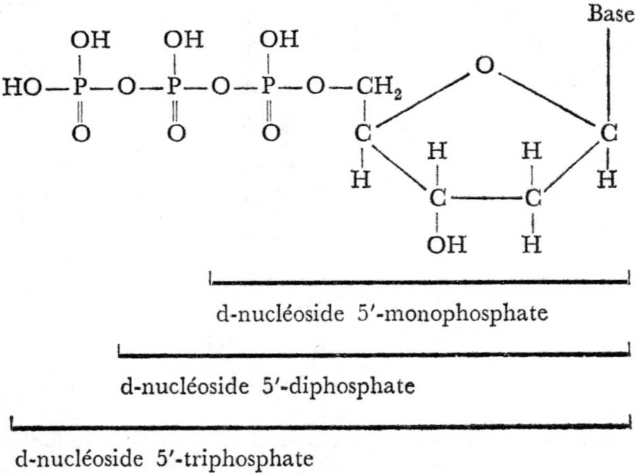

phosphorique, mais aussi par l'acide pyrophosphorique et l'acide triphosphorique. Il en résulte l'existence, à côté des désoxynucléosides 5'-monophosphates (précédemment trouvés dans l'ADN), de désoxynucléosides 5'-diphosphates et de désoxynucléosides 5'-triphosphates.

Les différents phosphates des divers nucléosides ont des rôles biologiques très importants; ils sont le plus souvent désignés par un sigle qui renseigne sur la base organique du nucléoside et la nature de l'acide estérifiant : le tableau suivant récapitule ces abréviations pour les 5'-mono, di et triphosphates des quatre désoxyribonucléosides :

TABLEAU 9

	5'-monophosphates	*5'-diphosphates*	*5'-triphosphates*
Désoxyribothymidine	d-TMP	d-TDP	d-TTP
Désoxyribocytidine	d-CMP	d-CDP	d-CTP
Désoxyriboadénosine	d-AMP	d-ADP	d-ATP
Désoxyriboguanosine	d-GMP	d-GDP	d-GTP
	dans l'ADN		

2) *Ribonucléotides*

La matière vivante renferme des ribonucléosides mono, di et triphosphates, y compris pour l'uracile (UMP, UDP et UTP), correspondant aux désoxyribonucléosides phosphates signalés à l'occasion de l'étude de l'ADN (voir la formule générale de ces corps). En dehors des ribonucléosides monophosphates, monomères de l'ARN, plusieurs autres nucléotides jouent un rôle très important.

A) *Mononucléotides*

a) L'Adénosine Triphosphate ou ATP et l'Adénosine Diphosphate ou ADP. — L'ATP et l'ADP résultent respectivement de l'estérification d'un hydroxyle du carbone 5' du ribose par l'acide triphosphorique ou l'acide pyrophosphorique (alors que dans un nucléoside monophosphate, il s'agit de l'acide phosphorique) :

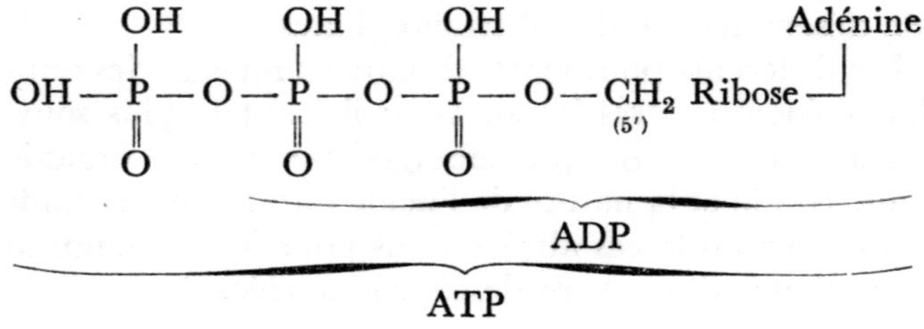

L'ATP et l'ADP sont riches en énergie chimique car leur hydrolyse par des enzymes spécifiques (comme une ATPase) libère une importante quantité d'énergie. Ainsi la variation d'énergie libre lors de l'hydrolyse de l'ATP :

$$ATP + H_2O \rightleftarrows ADP + P\mathit{i}$$

(P*i* = Phosphate inorganique)

est à 37 °C et à pH 7, $\Delta G^{0\prime} = -7{,}3$ kcal. Il en est de même pour l'hydrolyse de l'ADP en AMP (alors que l'hydrolyse de l'AMP libère beaucoup moins d'énergie). D'autres composés phosphatés ont un $\Delta G^{0\prime}$ encore supérieur à celui de l'ATP.

De toute manière, d'après ce que nous avons vu au chapitre précédent, cette forte variation d'énergie libre signifie que la réaction d'hydrolyse a une nette tendance à se dérouler. (La réaction de synthèse d'ATP nécessitera au contraire un apport d'énergie.) Comment peut-on s'expliquer cette tendance et l'aptitude à libérer une importante quantité d'énergie ? L'ATP est exceptionnelle par la fréquence de ses interventions dans les réactions biologiques mais les phénomènes énergétiques qui se passent à son niveau ressortissent aux lois que régissent les transferts d'énergie dans la matière. Pour essayer de comprendre ceux-ci, au moins sommairement, il nous suffira de nous rappeler le concept actuel de l'atome. Autour du noyau atomique, les électrons sont situés sur des orbitales constituant des couches dites K, L, M, selon leur éloignement du noyau. Chaque couche ne peut compter qu'un nombre particulier d'orbitales et chaque orbitale ne comporte au maximum que deux électrons. D'autre part, chaque couche a un niveau d'énergie particulier. Comme le passage d'un électron (chargé négativement) d'une orbitale à une autre plus éloignée du noyau (chargé positivement) nécessite évidemment de l'énergie (car noyau et électron s'attirent), le niveau d'énergie des orbitales croît selon leur éloignement du noyau. Le passage d'un électron d'une couche externe à une couche plus interne, correspond à la libération d'une certaine quantité d'énergie (un quantum d'énergie). Les électrons tendent à se situer sur des orbitales de la plus faible énergie. La libération d'énergie peut être effectuée sous des formes diverses.

Dans le cas précis de l'ATP, l'hydrolyse du groupe phosphate terminal donne :

$$ATP + H_2O \rightarrow PO_4H_3 + ADP.$$

En fait, l'ADP et l'acide phosphorique s'ionisent en HPO_4^{--} et ADP^{---}. Ces deux ions, chargés négativement, se repoussent et ne tendent donc pas à se lier. C'est la tendance à la décomposition de l'ATP qui est forte.

D'autre part, il a été montré que plusieurs des nombreux électrons qui entourent les atomes de phosphore et d'oxygène du groupe phosphate terminal peuvent se situer sur des orbitales de plus bas niveau énergétique autour des ions ADP^{---} et HPO_4^{--} qu'autour de l'ATP non dissociée, ce qui est en rapport avec la libération d'énergie.

L'ATP, relativement abondante dans la matière vivante, peut être considérée comme le composé le plus répandu capable d'emmagasiner (et de fournir) une grande quantité d'énergie. La molécule de guanosine triphosphate (GTP) est douée de propriétés comparables mais intervient moins fréquemment.

b) Le coenzyme A. — Il s'agit d'une molécule complexe comportant :

adénine-ribose 5'-diphosphate-acide pantothénique-
(3'-phosphate) β-aminoéthane thiol.

L'acide pantothénique est une vitamine du groupe B. Le groupe β-aminoéthane thiol terminal (NH_2 — CH_2 — CH_2 — SH) permet la formation d'un composé biologiquement très important, l'acétyl-coenzyme A.

c) L'adénosine monophosphate 3'-5' cyclique ou AMP cyclique. — Cette substance comporte adénine-ribose-acide phosphorique mais l'acide phosphorique y estérifie les groupements alcool portés à la fois par les carbones 5' et 3'. Sa synthèse s'effectue à partir de l'ATP, grâce à une enzyme, l'adénylcyclase. Celle-ci est activée par diverses hormones (adrénaline, hormone parathyroïdienne, etc.). L'AMP cyclique est ainsi impliqué dans l'action de ces hormones.

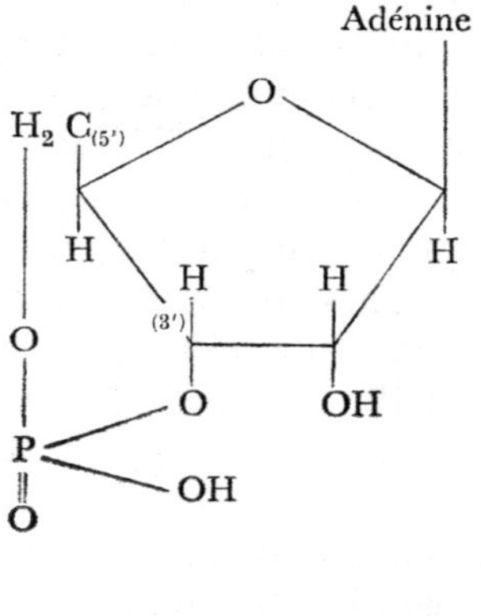

B) *Quelques dinucléotides*

Plusieurs composés de grande importance physiologique, car ce sont des coenzymes impliquées en particulier dans la respiration, comportent deux nucléotides. Ces derniers ne sont pas liés par leurs carbones 5′ et 3′ mais par une liaison anhydride entre les deux groupes phosphates des carbones 5′. Ils se distinguent de plus des nucléotides des acides nucléiques par l'existence de bases particulières.

a) La Nicotinamide Adénine Dinucléotide (ou NAD) comporte :

adénine-ribose-5′ phosphate-phosphate 5′-ribose-nicotinamide.

La nicotinamide est un dérivé de l'acide nicotinique (vitamine dont la carence déclenche la pellagre chez l'homme), donc apparentée à la pyridine.

b) La Nicotinamide Adénine Dinucléotide 3′-Phosphate (ou NADP) est un dérivé voisin du corps précédent portant un groupe phosphate supplémentaire sur le ribose de l'adénosine.

c) La Flavine Adénine Dinucléotide (ou FAD) comporte :

adénine-ribose-5′ phosphate-phosphate 5′-riboflavine.

La riboflavine ou vitamine B_2 est une molécule composée elle-même d'une base et d'un ose particuliers.

Plusieurs des substances précédentes nous montrent de nouveaux exemples d'intervention de vitamines dans la constitution de coenzymes.

CHAPITRE VI

Les glucides

Les glucides (ou sucres au sens large) forment un ensemble de substances très variées allant de petites molécules, hautement solubles dans l'eau, à des macromolécules de très grande taille. Ce sont essentiellement des composés ternaires répondant globalement à la formule $(CH_2O)_n$ (d'où l'appellation, contestable d'ailleurs, d'hydrates de carbone, qui leur est aussi appliquée). Nous les envisagerons des plus simples aux plus complexes.

I. Monosaccharides

1) *Définition générale*

Il s'agit de glucides, dits sucres simples ou oses, cristallisables, très solubles dans l'eau mais peu solubles dans les solvants organiques, ayant une saveur sucrée plus ou moins forte et dont le plus important est le glucose. C'est cependant avec le ribose que nous avons eu l'occasion de prendre connaissance d'un exemple de molécule de ce groupe. Il s'agissait d'un sucre de formule développée :

$$CH_2OH — CHOH — CHOH — CHOH — CHO.$$

On peut définir un tel corps comme un polyalcool à cinq carbones, porteur d'une fonction aldéhyde. La solubilité dans l'eau est en rapport avec l'abondance des groupes hydroxyles.

Il existe en réalité de très nombreux corps semblables ayant trois à huit carbones (dénommés trioses, tétroses, pentoses, hexoses, etc.), porteurs de plusieurs fonctions alcool et d'une fonction aldéhyde ou cétone. Le cas le plus simple est celui des trioses que l'on peut considérer comme dérivant du glycérol (CH_2OH — CHOH — CH_2OH) par oxydation d'un hydroxyle. On voit dans les formules développées que, selon la position terminale ou interne dans la molécule de ce groupement oxydé, il se formera respectivement un aldéhyde (cas du glycéraldéhyde :

$$CH_2OH - CHOH - \underset{\underset{\displaystyle O}{\|}}{C} - H)$$

ou une cétone (cas de la dihydroxyacétone :

$$CH_2OH - \underset{\underset{\displaystyle O}{\|}}{C} - CH_2OH).$$

D'une façon générale, les molécules portant un groupement aldéhydique sont des aldoses (comme le ribose) et celles qui portent une fonction cétone sont des cétoses (dont le nom prend, en principe, le suffixe « ulose », comme le ribulose).

2) *Les isomères des types D et L*

Lors de l'étude des acides aminés, nous avons déjà envisagé la molécule de glycéraldéhyde et noté qu'elle comporte un atome de carbone asymétrique déterminant l'existence de deux isomères optiques appelés D et L correspondant, par convention, aux molécules dont ce carbone porte un — OH respectivement à droite ou à gauche (le groupe aldéhyde étant au-dessus).

A partir du glycéraldéhyde, il est possible de réaliser la synthèse de molécules renfermant un nombre plus élevé d'atomes de carbone en allongeant la chaîne par l'extrémité portant le groupement aldéhyde. On obtient tout d'abord un tétrose. Ce produit est dit de la série D comme tous les sucres qui portent sur le carbone homologue du carbone asymétrique du glycéraldéhyde (ici le troisième) un — OH à droite. Toutefois, on constate que la synthèse a engendré deux tétroses, tous deux de la série D, mais

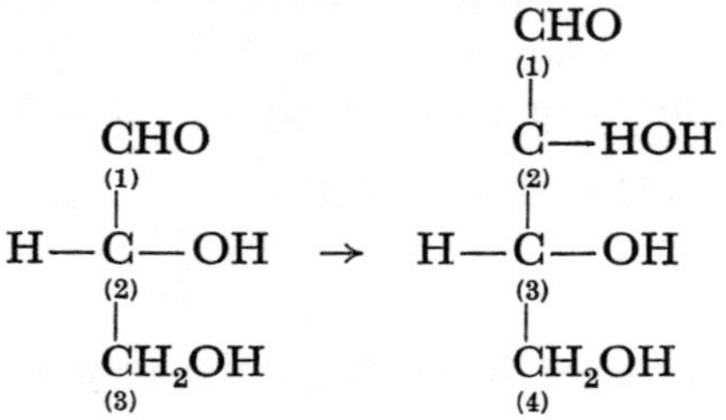

isomères du fait que le carbone supplémentaire (n° 2 ici) est également asymétrique. Les deux tétroses isomères différant par les positions des — OH et — H du carbone supplémentaire sont ainsi le D-érythrose et le D-thréose. (Ces deux tétroses ne sont pas des isomères optiques puisque

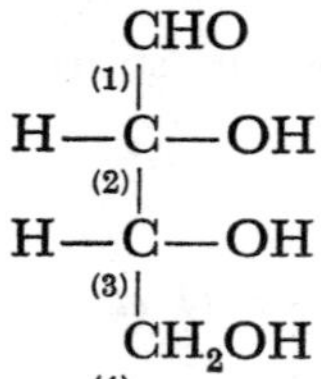

D-Erythrose

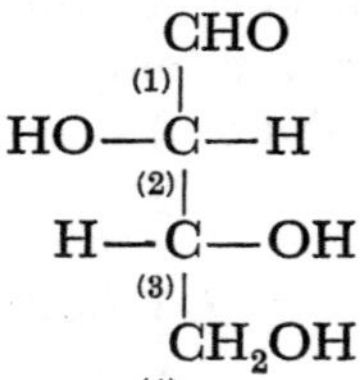

D-Thréose

l'un n'est pas l'image de l'autre dans un miroir. Il y a un L-érythrose par contre qui répond à cette définition.) Par addition de carbones supplémentaires, on obtient des pentoses, hexoses, etc. A chaque fois, des carbones asymétriques étant ajoutés, le nombre des isomères croît. En théorie, du

D-glycéraldéhyde, peuvent dériver deux tétroses, quatre pentoses (dont le ribose), huit hexoses et autant du L-glycéraldéhyde. Il se trouve que certains d'entre eux seulement se rencontrent dans la nature. Tout d'abord, seuls les corps de la série D sont représentés d'une façon notable, et parmi ceux-ci une partie seulement des isomères possibles sont réalisés; ainsi parmi les seize hexoses possibles de formule globale $C_6H_{12}O_6$, trois, le glucose, le mannose et le galactose, existent naturellement :

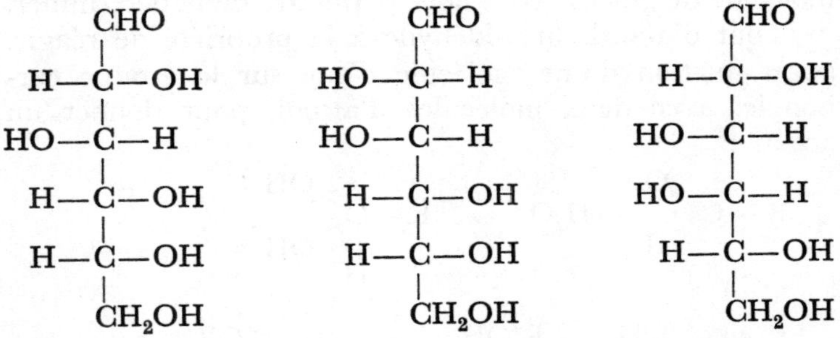

D-Glucose D-Mannose D-Galactose

(Comme il a été signalé pour les acides aminés, la désignation D signifie l'appartenance à une série chimique structurale, mais pas obligatoirement la propriété rotatoire dextrogyre.) Par leurs fonctions alcool, en particulier la fonction alcool primaire, les oses donnent des esters.

3) *Les isomères de types α et β*

En réalité, l'étude des propriétés optiques a conduit à des observations supplémentaires que nous étudierons sur l'exemple du glucose. Ainsi, comme il est possible de réaliser la cristallisation de ce corps par des moyens différents, on constate que les solutions fraîches du produit obtenu, pourtant toujours du D-glucose, se présentent sous deux formes différant par l'importance de leur pouvoir rotatoire.

Dans un cas (glucose obtenu à froid par cristallisation d'une solution saturée), le plan de polarisation est dévié de + 112° et, dans un autre cas (glucose obtenu par évaporation d'une solution aqueuse), la déviation est de + 18° seulement. Ceci révèle l'existence de deux isomères du D-glucose, dénommés respectivement α et β. (Le même phénomène se produit pour le L-glucose et d'une façon générale pour les pentoses et hexoses.) Quelle est la cause de cette isomérie ? Des anomalies du comportement chimique de la molécule de glucose vont nous permettre de la déterminer.

Tout d'abord, un aldéhyde a la propriété de réagir, après fixation d'une molécule d'eau sur le groupe carbonyle, avec deux molécules d'alcool, pour donner un acétal :

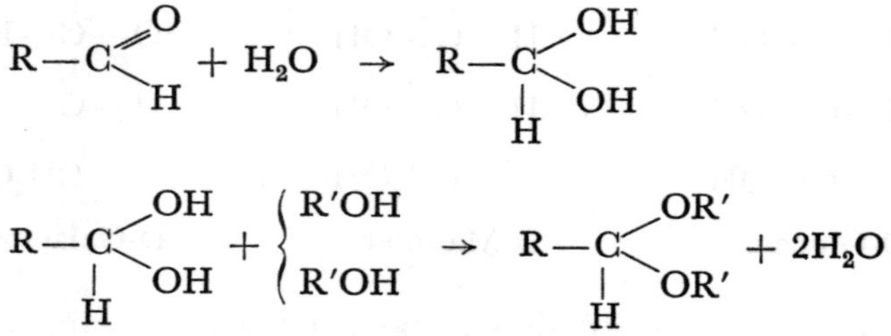

Or le glucose ne réagit qu'avec une seule molécule d'alcool donnant un hémi-acétal selon la réaction suivante :

$$\mathrm{R{-}CHO + R'OH \rightarrow R{-}CH(OH){-}OR'}$$

Nous avons là l'indice que le carbonyle du glucose ne réagit pas de la même façon que dans un aldéhyde vrai. On dit pour cette raison que le glucose porte une fonction pseudoaldéhydique (un cétose portant de même une fonction pseudocétonique).

D'autre part, le glucose, par ses fonctions alcool, donne des esters. A l'état naturel, divers esters phosphoriques du glucose sont d'ailleurs biologiquement très importants. De plus, expérimentalement, le glucose peut donner des esters avec un acide organique (ou un anhydride de cet acide). Ainsi, on peut synthétiser un penta-acétyl-glucose :

$$[C_6H_7O_6(CH_3 — COO)_5]$$

qui, à première vue, prouve l'existence de cinq fonctions alcool dans la molécule de glucose. Or ce dérivé penta-acétylé n'est pas réducteur (alors qu'une fonction aldéhydique est supposée toujours présente en début de chaîne). Ce fait et d'autres semblables conduisent à penser que l'un des radicaux acétyles est porté précisément par le carbone n° 1 et non par l'un des carbones porteurs d'une fonction alcool.

Pour rendre compte de l'existence de deux isomères du D-glucose et de ces propriétés chimiques particulières (fonction pseudoaldéhydique et comportement atypique d'un des groupements alcool), on est conduit à admettre que la molécule existe sous une *forme cyclique*. La méthode d'étude par les rayons X, en précisant les positions réciproques des divers atomes, a confirmé cette hypothèse. Le cycle résulte de la formation, entre la fonction aldéhyde et une des fonctions alcool, d'un *composé d'addition interne*

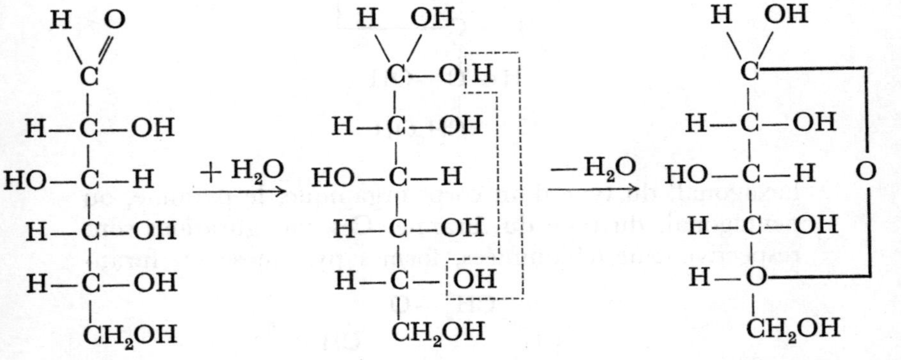

Forme aldéhyde libre — Hydrate d'aldéhyde — Forme hémi-acétal (pont oxydique 1-5)

du type hémi-acétal. La réaction s'effectue après la formation d'un hydrate d'aldéhyde. (On comprend ainsi pourquoi l'ose ne donne plus en présence d'un alcool qu'un — autre — hémi-acétal.) Au total, la fonction aldéhydique d'un ose donne un acétal, composé d'un hémi-acétal (interne) et, éventuellement, d'un hémi-acétal avec une molécule d'alcool (voir page précédente).

Dans la molécule de glucose, les carbones porteurs des groupements fonctionnels ayant donné l'hémi-acétal interne restent liés par l'intermédiaire d'un atome d'oxygène ou, comme on dit aussi, par un pont oxydique. Les angles interatomiques dans la chaîne carbonée sont tels qu'ils peuvent permettre une sorte de fermeture sur elle-même de la molécule amenant le groupement aldéhydique à réagir avec la fonction alcool portée soit par le carbone n° 5, soit par le carbone n° 4. Le cycle formé est en conséquence

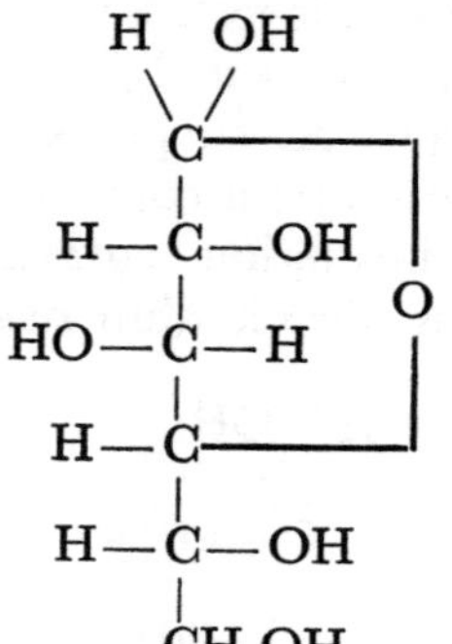

hexagonal, du type d'un corps organique, le pyranne, ou pentagonal, du type du furanne. Ces configurations sont respectivement dénommées, formes pyrannose ou furan-

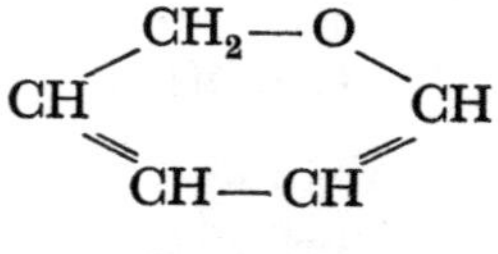

Pyranne

nose. La cyclisation est un fait assez général chez les oses, aldoses et cétoses en C_5 et C_6. La forme pyrannose est la plus fréquente chez les hexoses et la forme furannose chez

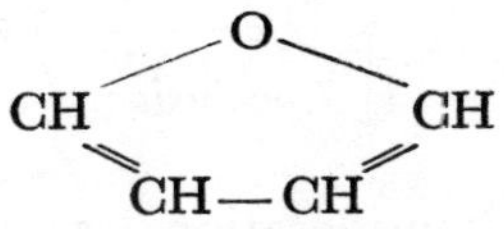

Furanne

les pentoses (comme nous l'avons vu pour le ribose, dans les acides nucléiques). La forme cyclique, si elle est prédominante en solution, y est en équilibre avec la forme linéaire aldéhydique. La présence de cette dernière explique les propriétés réductrices des oses simples, par exemple la réduction de la liqueur de Fehling.

De toute manière et pour répondre au problème posé, la cyclisation a pour conséquence l'apparition d'une asymétrie au niveau du carbone n° 1. Le groupement — OH porté par ce carbone peut occuper deux positions différentes déterminant l'existence de deux stéréoisomères α et β du D-glucose. Par convention, dans les représentations du type ci-dessous, — OH est au-dessous dans la forme α, au-dessus dans la forme β :

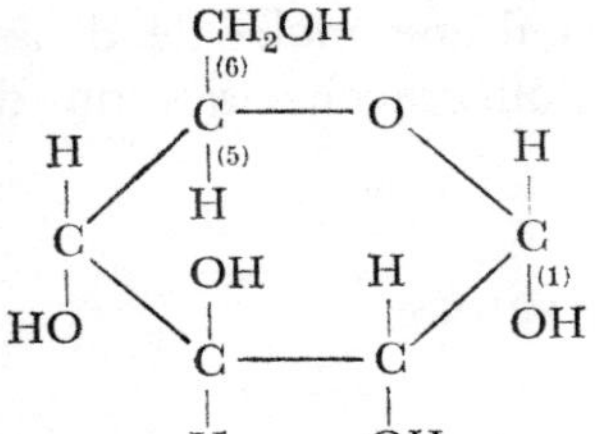

α-D-glucopyrannose

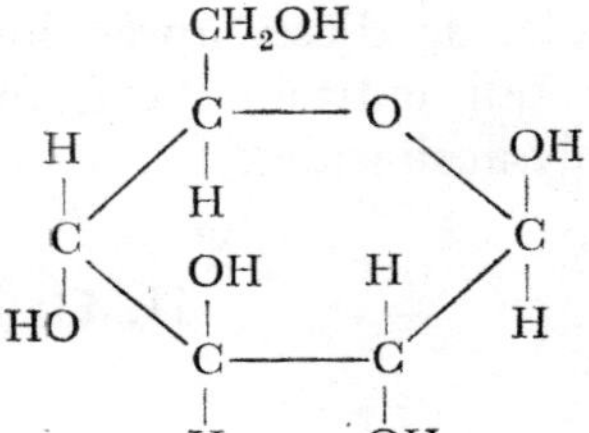

β-D-glucopyrannose

Ainsi se trouve expliquée l'existence des isomères α et β. Finalement, la dénomination d'une molécule de glucose devra comporter l'appartenance à la série structurale, la nature du cycle et le type de forme α ou β. On parlera par exemple de β-D-glucopyrannose.

4) *Conclusion*

En prenant en considération les propriétés physiques et chimiques d'un hexose comme le glucose, nous sommes amenés à préciser la forme de la molécule d'un tel corps. La formule globale, $C_6H_{12}O_6$, ou la formule développée,

$$CH_2OH — CHOH — CHOH — CHOH — CHOH — CHO,$$

sont insuffisantes et une formule spatiale cyclique s'impose pour rendre compte de certaines propriétés.

Sur le plan des propriétés chimiques, on note que l'hydroxyle du carbone n° 1 provenant de la transformation du carbonyle de la fonction aldéhyde lors de la cyclisation reste particulièrement réactif. Nous avons déjà vu, dans le cas des nucléosides, qu'il pouvait donner une liaison N-glycosidique avec un groupement —NH d'une base azotée. Il peut aussi être estérifié.

Une autre réaction des plus communes de cet hydroxyle concerne sa liaison avec une fonction alcool d'une autre molécule d'ose, après élimination d'une molécule d'eau, ce qui entraîne la formation d'oligosaccharides ou de polysaccharides.

II. Oligosaccharides

Au cours de la digestion de l'amidon par une amylase, des molécules de maltose sont produites. Ces molécules peuvent être à leur tour hydrolysées par une enzyme, une α-glucosidase et chacune engendre deux molécules de glucose.

Le *maltose* est donc un *disaccharide* puisqu'il résulte de l'union de deux molécules de monosaccharides. Cette union est réalisée entre l'hydroxyle du carbone n° 1 d'un D-glucopyrannose de forme α (d'où la spécificité de l'enzyme utilisée) et la fonction alcool du carbone n° 4 d'une autre molécule de D-glucopyrannose (existant sous la forme α ou plus abondamment sous la forme β). La dénomination précise est : 1-α-D-glucopyrannosido-4-glucopyrannose. La *liaison O-glycosidique* 1-4 laisse sur la deuxième molécule de glucose un hydroxyle n° 1 réactif.

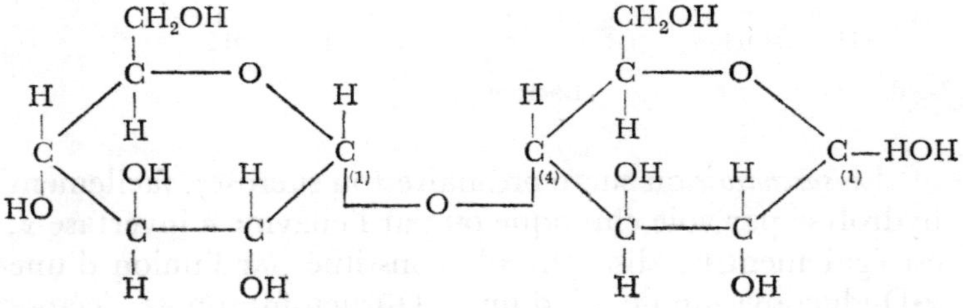

Maltose

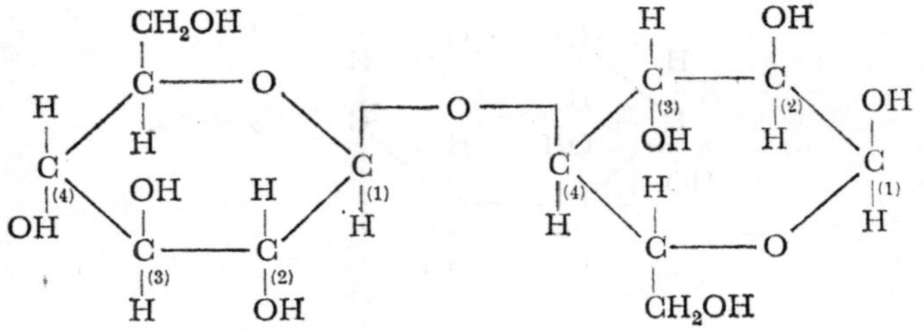

Cellobiose

Un disaccharide, le *cellobiose*, est libéré par l'hydrolyse de la cellulose. Il résulte de la liaison 1-4 de deux molécules de β-D-glucopyrannose après rotation de 180°.

Le *lactose* est un disaccharide du lait, dont l'hydrolyse libère une molécule de glucose et une molécule de β-galactose. Dans tous les cas précédents, la liaison O-glycosidique 1-4 laisse, sur une des deux molécules combinées, l'hydroxyle d'un carbone n° 1, ayant la réactivité chimique particulière que nous avons soulignée. Ces disaccharides sont, par exemple, des glucides réducteurs.

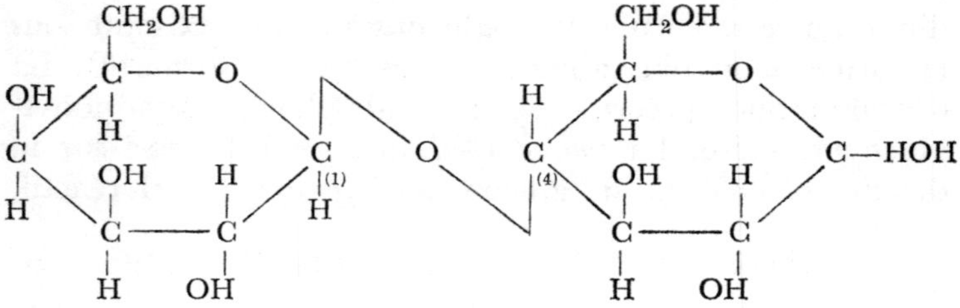

β-galactose Lactose

Le *saccharose* ou sucre ordinaire (ou sucrose), facilement hydrolysé par voie chimique ou par l'enzyme « invertase », est également un disaccharide constitué par l'union d'une α-D-glucopyrannose et d'un β-D-fructofurannose (cétose

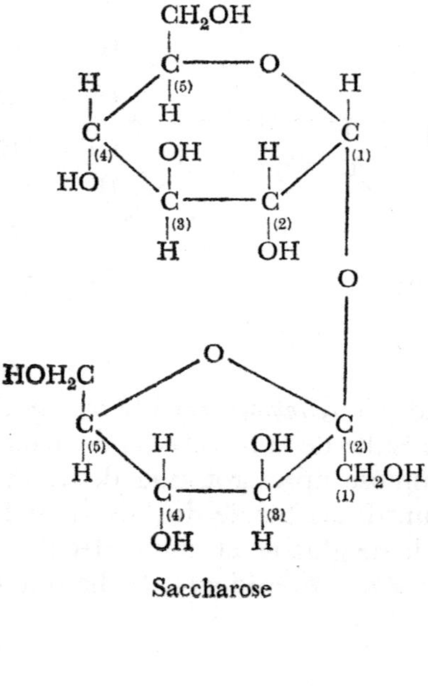

α-glucose

β-fructose

Saccharose

en C_6). Ce disaccharide se distingue fondamentalement des précédents par le fait que la liaison O-glycosidique intervient entre les deux hydroxyles des deux carbones nº 1. Il en résulte que le saccharose a des propriétés bien différentes de celles des exemples précédents comme de celles des monosaccharides constitutifs, et en particulier il n'est pas un sucre réducteur.

A l'état libre, ou incorporés à des molécules de polysaccharides, les disaccharides sont donc extrêmement abondants. Il en existe d'autres en dehors de ces principaux exemples.

La combinaison de trois monosaccharides engendre un trisaccharide dont le raffinose de la betterave est un exemple. Lorsque plus de huit ou dix monosaccharides sont unis entre eux, on convient de les considérer non plus comme des oligosaccharides, mais comme des polysaccharides.

III. Polysaccharides

1) *Les homopolysaccharides*

Ce groupe de substances glucidiques comprend des corps très abondants chez les animaux, comme le glycogène, et surtout chez les végétaux, comme l'amidon et la cellulose.

L'*amidon* est en réalité un mélange de deux types de polysaccharides, l'amylose et l'amylopectine. L'*amylose* peut être hydrolysé par différentes enzymes. L'amylase du malt libère des molécules de maltose et l'amylase de la salive ou du suc pancréatique libère des molécules de maltose et aussi des molécules de glucose. L'action enzymatique dans ce second cas peut donc aller plus loin. Ces enzymes agissant sur la liaison O-glycosidique 1-4, on peut se représenter l'amylose comme constitué de chaînes de molécules de glucose unies en 1-4. Ces chaînes, comportant quelques centaines à quelques milliers de « résidus glucose », atteignent des masses moléculaires parfois élevées, jusqu'à un demi-million. Lors de l'attaque enzymatique, on obtient des fragments de chaîne de taille intermédiaire, les dextrines.

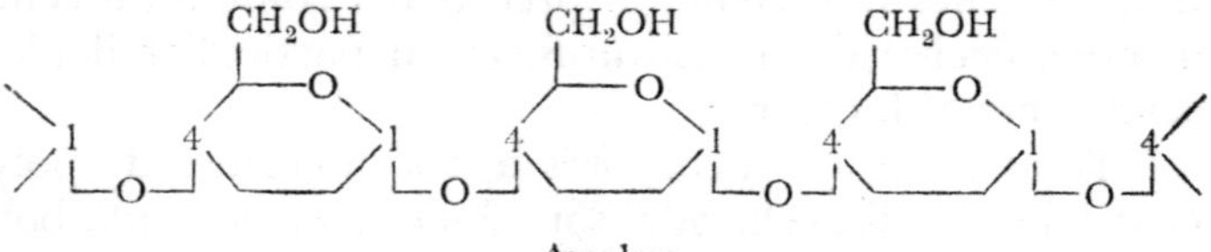

Amylose

L'*amylopectine*, qui est en plus grande proportion dans l'amidon, soumise à l'action des enzymes précédentes libère des molécules de maltose et de glucose, mais aussi des résidus de type dextrine qui ne peuvent pas être fragmentés complètement avec les amylases α (1-4). Par contre, l'utilisation d'une glucosidase α (1-6) permet une dégradation complète. C'est que l'amylopectine comporte à la fois des unions banales entre carbones 1 et 4 des molécules adjacentes de glucose, mais aussi des unions entre carbones 1 et 6. Une même molécule de glucose pouvant être liée à d'autres par ses carbones 1, 4 et 6, il en résulte des chaînes ramifiées. Les ramifications se produisent le long d'une chaîne environ tous les douze résidus glucose. L'amylopectine peut avoir une masse moléculaire très élevée, jusqu'au million.

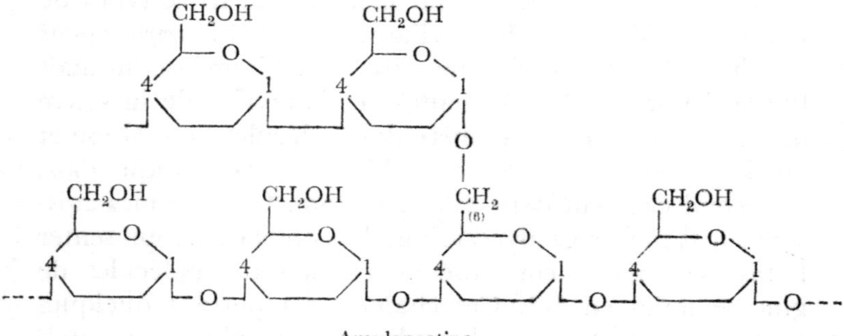

Amylopectine

Le *glycogène*, autrefois appelé « amidon animal », se comporte sensiblement comme l'amylopectine vis-à-vis des enzymes envisagées précédemment. Il consiste en chaînes d'α-D-glucose ramifiées, les ramifications étant plus nombreuses (environ tous les huit ou dix résidus glucose). Le glycogène semble exister sous forme de macromolécules de masses moléculaires considérables, de l'ordre de plusieurs millions.

La *cellulose* est le polysaccharide le plus caractéristique des végétaux (bien qu'on l'ait mis en évidence aussi chez quelques animaux). La cellulose, après une hydrolyse chimique par l'acide sulfurique à chaud, libère des molécules de glucose. Si l'hydrolyse est moins énergique, on obtient des molécules de cellobiose, disaccharide décrit précédemment composé de deux molécules de β-D-glucose. Le cellobiose est souvent considéré comme l'unité, le monomère constitutif de la cellulose. De toute façon, les molécules sont unies par la liaison O-glycosidique β (1-4) sans ramification des chaînes. (Du fait de cette liaison β (1-4), la cellulose n'est pas hydrolysée par les amylases α (1-4) utilisées pour la digestion de l'amidon ou du glycogène; la cellulose n'est utilisable comme aliment que par certains animaux, comme les ruminants, dont l'estomac renferme des bactéries qui, elles, possèdent une cellulase adéquate.) Une molécule de cellulose comme celle qu'on trouve dans une fibre de coton comporte trois mille résidus glucose, ce qui correspond à une masse moléculaire de l'ordre du demi-million et une longueur d'environ 1,5 μ. La méthode de diffraction des rayons X montre qu'une bonne part des macromolécules de cellulose linéaires se présentent en faisceaux où, parallèles les unes aux autres, elles sont reliées par des liaisons hydrogène. D'autres, moins ordonnées, constituent un réseau.

La *chitine* qui caractérise la cuticule des insectes est un polysaccharide structuralement voisin de la cellulose. Elle s'en distingue chimiquement par le fait qu'elle est constituée de molécules de β-glucose dont l'hydroxyle du carbone n° 2 est remplacé par un groupement aminé, formant la glucosamine, lui-même acétylé (donc donnant la N-acétylglucosamine).

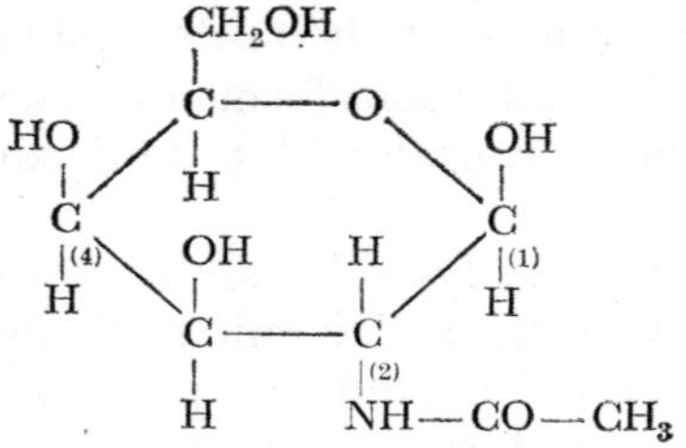

N-acétylgalactosamine β

2) *Les mucopolysaccharides*

Ces substances très importantes mais encore mal connues renferment, comme la chitine, des dérivés des sucres simples. Mais, alors que la chitine est un homopolymère de la N-acétylglucosamine, les mucopolysaccharides comportent des résidus de types différents et sont donc des hétéropolymères. Nous examinerons quelques exemples communs des mucopolysaccharides acides.

L'*acide hyaluronique* trouvé dans la substance interstitielle du tissu conjonctif des vertébrés, dans l'humeur vitrée de l'œil, etc., peut être attaqué par une enzyme, la hyaluronidase. Celle-ci libère des unités disaccharidiques liées

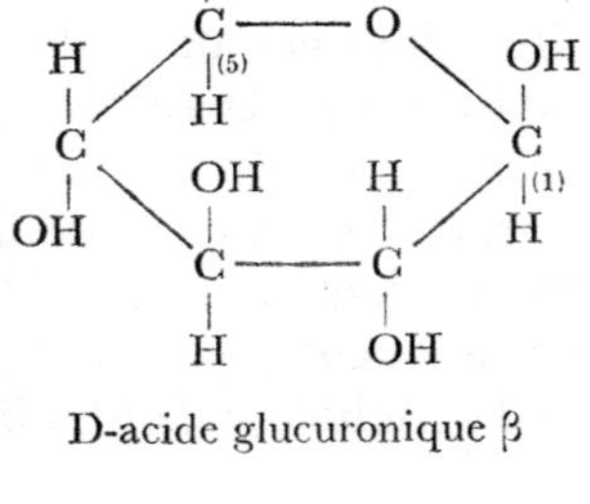

D-acide glucuronique β

entre elles par une liaison O-glycosidique α (1-4). Ces monomères se révèlent constitués de deux dérivés du glucose, l'acide glucuronique qui porte un groupement — COOH à la place de la fonction alcool du carbone 6, et l'acétylglucosamine. Ces deux dérivés sont reliés par une liaison O-glycosidique (1-3). Les macromolécules d'acide hyaluronique sont linéaires et atteignent des masses moléculaires élevées.

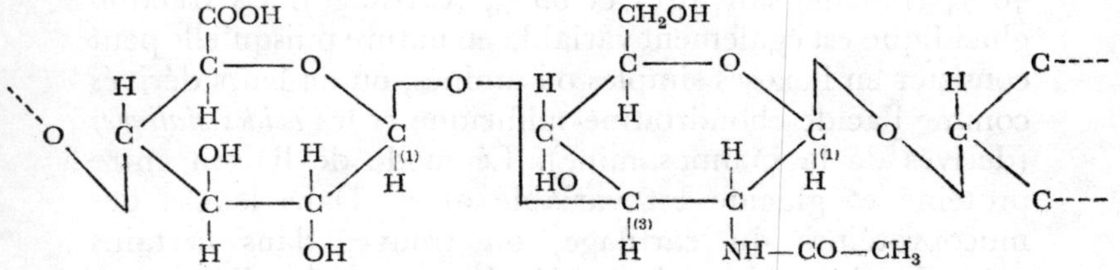

Acide hyaluronique

L'*acide chondroïtine-sulfurique*, abondant dans le tissu cartilagineux, est un hétéropolymère voisin du précédent. Les monomères disaccharidiques y sont associés de la même façon, mais sont composés d'un résidu acide glucuronique lié à un résidu N-acétylgalactosamine dont un hydroxyle (du carbone 4 ou du carbone 6) est estérifié par l'acide sulfurique :

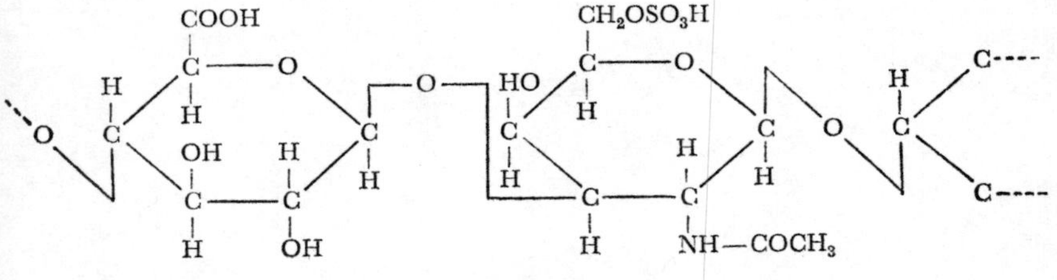

Acide chondroïtine-sulfurique

IV. Les glycoprotéines

Comme leur nom l'indique, les glycoprotéines comportent une fraction protéique et une fraction glucidique. Ce sont des substances de composition extrêmement variée. Dans une γ globuline, la fraction glucidique est faible en pourcentage (3 %), mais dans des *mucoprotéines* elle atteint 40 % (mucine salivaire) et 85 % (cartilage). La fraction glucidique est également variable en nature puisqu'elle peut consister en hexoses simples ou aminés, ou en leurs dérivés comme l'acide chondroïtine-sulfurique et les *acides sialiques* (dérivés de la mannosamine). Le mode de liaison entre protéine et glucide est variable aussi. Dans le cas des mucoprotéines du cartilage, on trouve, dans certains exemples de ce tissu, des molécules composées d'une protéine allongée portant latéralement, grâce à des liaisons esters, des chaînes polysaccharidiques d'acide chondroïtine-sulfurique. Il existe d'autres types de rapport entre protéine et glucide dans cette famille de substances chimiques encore bien mal connue mais d'un intérêt biologique considérable.

CHAPITRE VII

Les lipides

Lors du fractionnement chimique de la matière vivante, un des solvants utilisés, l'alcool ou l'éther à chaud, permet la séparation des substances organiques grasses ou lipides. Cette méthode fournit une définition des lipides qui peuvent être considérés comme des substances insolubles dans l'eau mais solubles dans divers solvants organiques (alcool, éther, benzène, chloroforme, etc.). Les lipides constituent en fait un ensemble chimique assez hétérogène. On est amené à y distinguer des lipides simples ou ternaires, renfermant carbone, oxygène et hydrogène, des lipides complexes assez voisins mais comportant en plus azote et phosphore dans leurs molécules et enfin, très à part, les stéroïdes et caroténoïdes.

I. Lipides simples

Il s'agit principalement des substances connues sous le nom de graisses (ou huiles quand elles sont à l'état liquide à la température ordinaire), ainsi que des cires animales ou végétales. L'hydrolyse enzymatique d'une graisse ou d'une huile alimentaire par une lipase produite par une glande digestive de mammifère engendre deux types de substances : des acides gras et un alcool, le glycérol. D'une façon générale, la décomposition des lipides simples comme celle des lipides complexes révèle la présence d'acides gras dans ces molécules. Nous étudierons donc tout d'abord ces substances et ensuite leurs diverses combinaisons.

1) *Les acides gras*

Ce sont des monoacides organiques portant le groupement fonctionnel acide à une des extrémités d'une longue chaîne aliphatique. Les acides gras naturels ont un nombre pair d'atomes de carbone. Ce nombre est de seize à dix-huit pour les plus communs. La chaîne aliphatique est saturée ou non (présence de liaisons de type éthylénique). La formule générale des acides gras saturés est :

$$CH_3 - (CH_2)_n - COOH;$$

l'acide palmitique :

$$CH_3 - (CH_2)_{14} - COOH$$

et l'acide stéarique :

$$CH_3 - (CH_2)_{16} - COOH$$

en sont les exemples les plus courants. L'acide oléique comporte une chaîne non saturée :

$$CH_3 - (CH_2)_7 - CH = CH - (CH_2)_7 - COOH.$$

L'acide linoléique possède deux doubles liaisons et d'autres acides en possèdent trois ou quatre.

Les divers acides gras d'un mélange peuvent être séparés par des méthodes chromatographiques spéciales.

Dans un acide gras, si la présence du groupe — COOH détermine un pôle hydrophile, la longue chaîne hydrocarbonée est au contraire fortement hydrophobe et l'ensemble de la molécule est, à partir d'un certain nombre d'atomes de carbone, insoluble dans l'eau.

2) *Classification des lipides simples*

A) *Les glycérides*

Ces substances constituent les graisses dites neutres. Dans un glycéride, les trois fonctions alcool d'un trialcool, le glycérol, $CH_2OH — CHOH — CH_2OH$, sont le plus souvent estérifiées chacune par un acide gras. On parle alors de triglycéride. Les trois molécules d'acides gras peuvent être identiques, par exemple trois acides palmitiques et, dans ce cas, le corps gras est dénommé tripalmitine. Les acides gras peuvent aussi être différents, par exemple un acide palmitique et deux acides stéariques comme dans le cas ci-dessous :

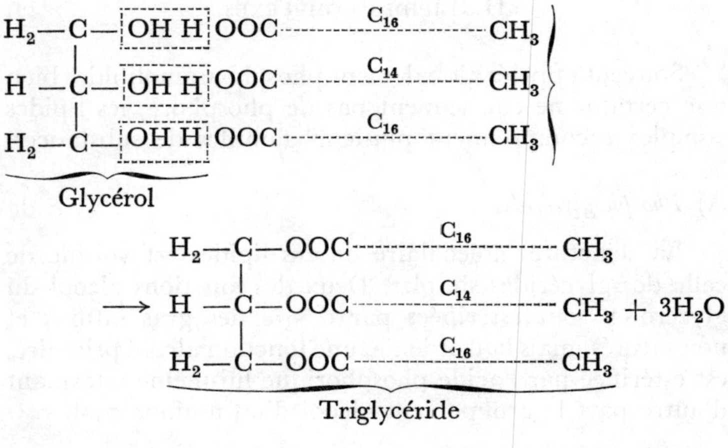

En fait les graisses neutres sont des mélanges de glycérides variés, assez difficiles à séparer d'ailleurs. Dans de tels mélanges, la fusion (l'état liquide) est obtenue d'autant plus facilement que la proportion en acides gras non saturés est élevée.

Les triglycérides, du fait de l'estérification, n'offrent plus de groupes hydrophiles et sont, en conséquence, insolubles dans l'eau. Ce sont des corps chimiquement stables.

La liaison ester est hydrolysable par la lipase ou à chaud en présence d'un acide ou d'un alcali (soude ou potasse).

B) *Les autres lipides simples*

Les cires d'origine animale (cire d'abeille, certaines sécrétions cutanées imprégnant plumes ou poils de vertébrés, etc.) ou d'origine végétale (cuticule des feuilles) sont des mélanges d'esters d'acides gras de monoalcools à très longue chaîne carbonée (à 30 atomes de carbone dans le cas de la cire d'abeille). Ces esters ou *cérides* ont une structure chimique voisine de celle des glycérides. Ils sont fortement insolubles dans l'eau.

II. Lipides complexes

Souvent appelés globalement phosphoaminolipides bien que certains ne contiennent pas de phosphore, les lipides complexes comprennent plusieurs familles de substances.

A) *Phosphoglycérides*

La structure moléculaire de ces lipides est voisine de celle des glycérides simples. Deux des fonctions alcool du glycérol y sont estérifiées par des acides gras saturés et non saturés, mais la troisième, une fonction alcool primaire, est estérifiée par l'acide phosphorique lui-même estérifiant d'autre part le groupement alcool d'un aminoalcool.

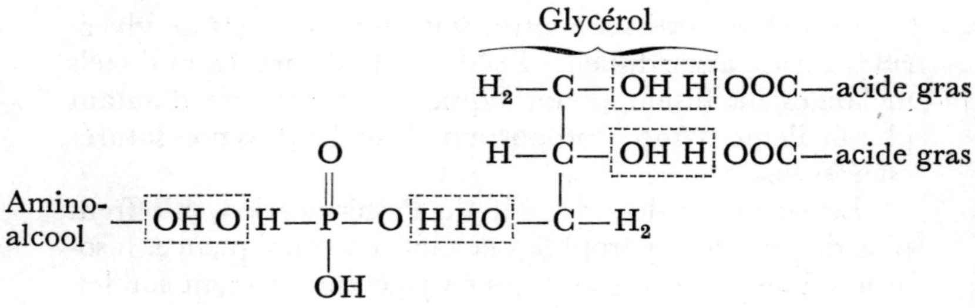

Dans la *lécithine* (abondante dans le jaune d'œuf), l'aminoalcool est la choline :

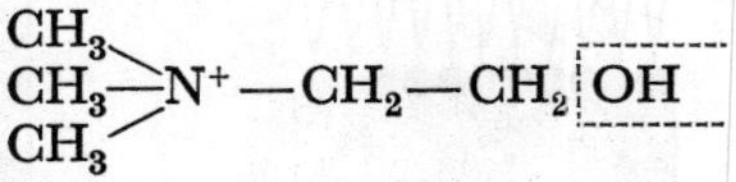

Dans les *céphalines* (également du jaune d'œuf, ainsi que du cerveau), l'aminoalcool est l'éthanolamine (ou colamine) :

$$NH_2—CH_2—CH_2\,\boxed{OH}$$

ou la sérine, acide aminé dont nous avons signalé qu'il portait une fonction alcool :

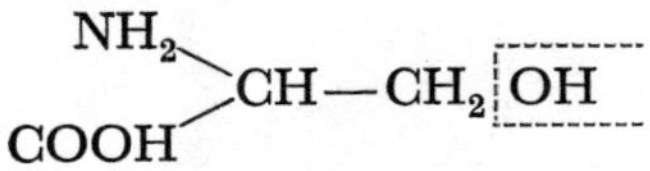

D'une façon générale, une molécule de phosphoglycéride comporte une région hydrophobe glycéridique avec les chaînes des acides gras et une région hydrophile représentée par la partie phosphoryl-aminoalcool de caractère polaire (d'où la dénomination parfois employée de « lipides polaires »). De telles molécules sont dites *amphipathiques* ou, plus couramment, *bipolaires*.

Si elles sont disposées sur une surface d'eau, elles y forment un film monomoléculaire de quelques dizaines d'angströms d'épaisseur (fig. 25). Les molécules y sont rangées parallèlement entre elles, leur région polaire dans l'eau, leur région hydrophobe à l'extérieur. Dans certaines conditions, des *couches bimoléculaires* se forment spontanément, les molécules s'opposant par leur pôle hydrophobe (fig. 26).

Si elles sont dispersées dans l'eau, les molécules de phospholipides s'assemblent par centaines en agrégats appelés *micelles*, où les pôles hydrophiles sont à l'extérieur et les régions hydrophobes à l'intérieur, à l'écart de l'eau (fig. 25). Des forces de Van der Waals entre les parties

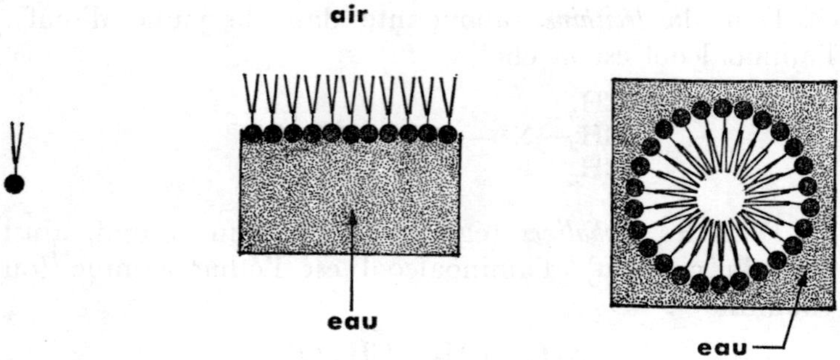

Fig. 25. — Représentation schématique, *à gauche*, d'une molécule de phospholipide (les deux bras représentent les acides gras), *au milieu*, d'un film monomoléculaire sur une surface aqueuse, *à droite*, d'un micelle au sein de l'eau.

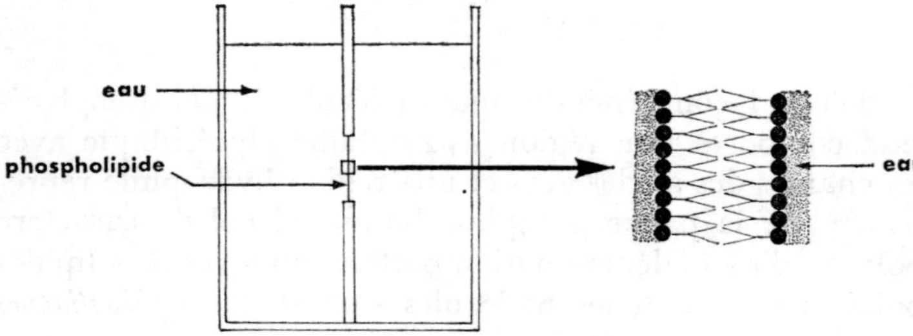

Fig. 26. — Formation d'une couche bimoléculaire phospholipidique dans l'orifice d'une cloison séparant deux compartiments pleins d'eau

hydrophobes contribuent à la stabilité des micelles. (Cependant un micelle n'est pas une macromolécule, un polymère chimique, comme une protéine ou un acide nucléique.)

B) *Sphingolipides*

Egalement abondants dans le cerveau, ils diffèrent des lipides complexes précédents par l'absence de glycérol, remplacé par un dialcool aminé à longue chaîne non saturée, la sphingosine. Leur molécule comporte par contre aussi un acide gras et une molécule d'acide phosphorique estérifiant un aminoalcool. Celui-ci est la choline dans le cas de la sphyngomyéline :

aminoalcool-acide phosphorique-sphingosine-acide gras
(choline)

C) *Cérébrosides*

Ce sont des substances abondantes dans les membranes de cellules nerveuses. Elles résultent de la combinaison de sphingosine avec, d'une part, un acide gras à très longue chaîne (24 C) et, d'autre part (au lieu du groupe phosphoryl aminoalcool des corps précédents), une molécule d'un sucre, le galactose :

galactose-sphingosine-acide gras.

Il s'agit donc en fait de *glycolipides*.

Il en est de même pour les *gangliosides*, abondants dans le revêtement externe de cellules, en particulier des cellules nerveuses. La partie glucidique de ces substances peut comporter du galactose, du glucose et un dérivé azoté d'un sucre, comme un acide sialique.

De toute manière, les molécules de sphingolipides et de cérébrosides, comme celles de phosphoglycérides, montrent un caractère bipolaire.

Les lipides complexes sont encore, en général, assez mal connus.

III. Stéroïdes

Il s'agit de substances dérivant chimiquement d'un carbure d'hydrogène, le phénantrène. Parmi ces substances, les stérols qui portent un groupement alcool sont particulièrement abondants. Le *cholestérol* est le plus important d'entre eux. Il sert de précurseur à la synthèse de divers stéroïdes qui jouent de grands rôles biologiques (hormones sexuelles et hormones surrénaliennes des vertébrés, vitamine D, etc.).

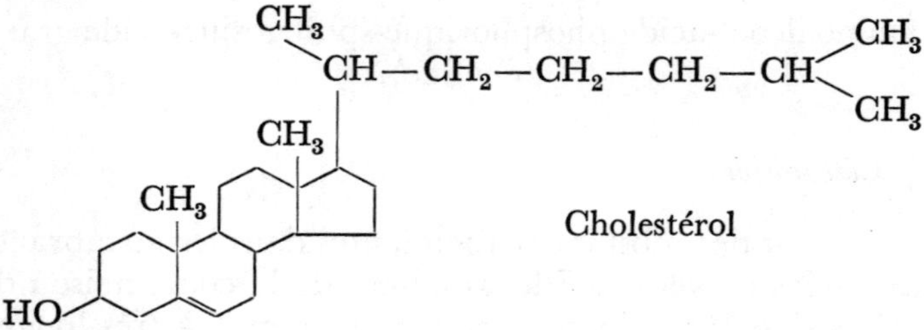

Cholestérol

Le rapprochement d'un corps, comme le cholestérol, des lipides précédents est basé sur ses propriétés de solubilité. Il est en effet insoluble dans l'eau et soluble dans les solvants des graisses. Il est également miscible aux glycérides et phospholipides et, fait très remarquable, ces mélanges acquièrent la propriété d'absorber de l'eau. Le cholestérol n'existe pas chez les végétaux où l'on trouve par contre divers phytostérols comparables. Le cholestérol, hydrophile par l'hydroxyle du groupement alcool, et fortement hydrophobe par le reste de la molécule, présente de ce point de vue, comme les molécules de lipides précédents, un caractère bipolaire.

IV. Caroténoïdes

On regroupe également avec les lipides précédents, toujours en raison de leurs caractères de solubilité, des substances chimiquement issues de la polymérisation d'un carbure d'hydrogène non saturé :

$$\text{l'isoprène}\quad CH_2{=}CH{-}\underset{\displaystyle CH_3}{\underset{|}{C}}{=}CH_2$$

Les caroténoïdes comportent plusieurs « unités isoprènes ». Ils constituent les pigments jaunes ou rouges des végétaux : xanthophylle, lycopène, carotène (ce dernier distinct du précédent par la cyclisation en bout de chaîne, ci-dessous, le β-carotène) :

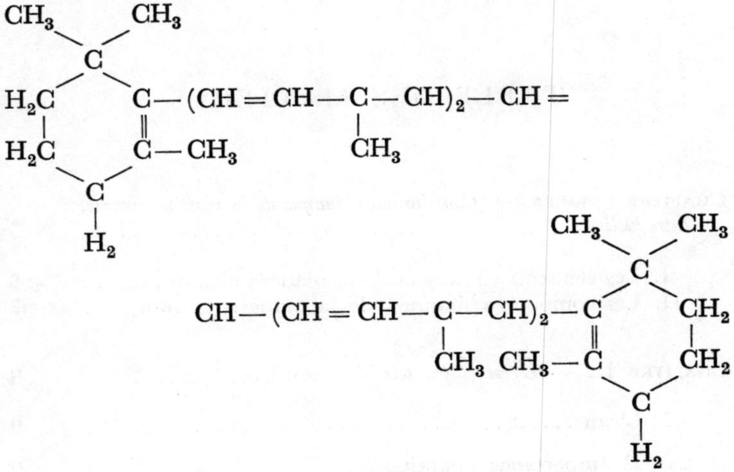

Certains dérivés des caroténoïdes ont une importance biologique considérable. Ils comprennent la *vitamine A* (facteur de croissance) qui correspond approximativement à une demi-molécule de β-carotène. Un corps très voisin de la vitamine A, le rétinal, combiné à une protéine, l'opsine, engendre la *rhodopsine* ou pourpre rétinien, pigment visuel des bâtonnets de la rétine. La *vitamine E* (facteur de fertilité), la *vitamine K* (facteur antihémorragique) et l'*ubiquinone* ou coenzyme Q (en jeu dans la respiration cellulaire) ont des structures chimiques et des propriétés qui les rapprochent des substances précédentes.

LIVRES CONSEILLÉS

[1] DICKERSON (R. E.) et GEIS (I.), *Structure et action des protéines* (Ediscience).
[2] DURAND (M.) et FAVARD (P.), *La cellule* (Hermann).
[3] HERZBERG (M.) et REVEL (M.), *Atlas de biologie moléculaire* (Hermann).
[4] LEHNINGER (A. L.), *Bioénergétique* (Ediscience).
[5] WATSON (J. D.), *Biologie moléculaire du gène* (Ediscience).
[6] WEIL (J. H.), *Biochimie générale* (Masson).

TABLE DES MATIÈRES

1975. — Imprimerie des Presses Universitaires de France. — Vendôme (France)
ÉDIT. N° 33 476 IMPRIMÉ EN FRANCE IMP. N° 24 516